# 全光譜思考力

善用網路新工具，擁抱數位原生代
廣角經營，致勝未來

鮑伯 · 約翰森
Bob Johansen

顏涵銳——譯

## 各界推薦

未來，引領我們生存的不再單純，而是跨越volatility（多變）、uncertainty（混沌）、complexity（複雜）、ambiguity（曖昧）錯縱交織而成的環境，透過全光譜思考力剖析此一劇變下的世界，越早理解生存之道越具優勢！

——**暢銷財經作家 安納金**

面對快速變遷的世界，以後充滿不確定且斷裂的未來，最困難的往往不是問題本身，而是我們的思考方式。既有的思考框架困住我們的出路，本書引導大家學習全光譜思考力，將想像未來轉化成解決問題的能力。

——**淡大未來學研究所長 紀舜傑**

「分類」的思維模式一直以來都充斥在現實中的個人、組織乃至於整個社會。在形成團體的過程中，個體會基於異質性，透過各式各樣標準主動或被動的分類，而最終屬於某個團體。

人們已經習慣各種分門別類的框架：比如個體做為買方時，是商品的被動消費者；組織中的員工各司其職且各負其責；社會無形的國族主義築起文化壁壘的高牆……分類式的思考雖然能形塑認同、歸屬和秩序，卻也伴隨了局限性。當人們確定自己屬於某個框架，並安於自己的位置，便很難跨出框架，拓展更全面的視野。於此，本書對於長久以來受到分類式框架挾持的人們而言是值得學習的，它讓個人擁有更多元、多層次的身分，讓組織突破集權僵化的枷鎖，也讓社會更開明與包容。

這本書勾勒出全光譜在未來世界中的藍圖，幫助讀者一窺全光譜思考力將如何打破分類式框架，有助於培養個人管理視野，發想未來趨勢研究，以及企業組織內訓或開發之規畫。

——**成大企管系副教授 蔡惠婷**

《全光譜思考力》這個時候出版正是最恰當的時機，它為我們提供新的工具、新的感悟和新的希望。這是送給與我一起工作的每個人及親朋好友的最佳書籍。

——**南新罕布夏大學校長 保羅．勒布郎（Paul LeBlanc）**

全光譜思考力的智慧歷久不衰，新工具更使它拓展到全世界。

——寶潔公司前董事長、總裁兼首席執行官 羅伯特・麥當勞（Robert A. McDonald）

這是一本偉大的著作，激發了我的靈感。領導者必須深具人性與勇氣才能制定明確的方向，讓他們的團隊在多種可能性中做出最佳執行。光是檢討「對」與「錯」是一種謬論，必須從機動性的決策、測試和適應才可能得到獲勝的機會。

——WL Gore & Associates 總裁兼首席執行官 傑森・菲爾德（Jason Field）

鮑伯・約翰森和未來學院幫助了聯合租賃，讓我們在產品、服務的譜域更為廣闊，也讓我們對於需要一般人平常用不上的器材和專業的工作，能有更深入的體會。對於商業價值的新譜域，是未來想要創造獲利企業必須的能力。

——聯合租賃總裁 麥特・法蘭奈里（Matt Flannery）

鮑伯・約翰森向我們示範什麼叫做「原創概念發想人」。書中所展現的真知灼見和建議，提供我們在面對瞬息萬變的世局時獨特的分析之道和回應方法。我推薦此書給我社交網絡上的每一位董事和執行長。

**——哈佛商學院終生榮譽教授 詹姆斯・凱希（James, I. Cash）**

鮑伯・約翰森透過過去三十年來所寫的每本書、主持的每個工作坊、以及所結交的無數朋友，幫助了一整個世代的領導人學會如何更好的預測未來挑戰和機會。如今，他再次在《全光譜思考力》中展現這份長才，用更廣域的眼界提供我們評估新機會、經驗、以及人才的架構。希望能夠成功帶領組織迎向未來挑戰的領導人，都應該來看這本書。

**——UPS 快遞策略與轉型部執行長 史考特・普萊斯（Scott Price）**

推薦序

# 從未來的視角發想新商機

作者是當代極重要的未來學家與思考家，他希望透過本書喚醒老舊世代，並且培養未來新世代全光譜的思考能力，共同拋棄簡化的標籤、類別、框架、刻板印象和成見，以改善人們看待過去、現在和未來的方式。

全光譜思考力不只是思考邏輯的展現，在數位化普及的時代，我們可以透過工具分析，以更細膩的角度來理解外在世界，包含數位媒體、大數據分析、機器學習等，透過科學的操作來增加視野的宏觀性。本書透過三層架構，循序漸進的從思考方式到數位工具協助人們進行全面思考。

人類從類比世界走向數位世界，但是0和1的分類讓我們只剩二元化的選擇，習慣性的先將人事物分類，忽略以人為本與異質化需求。破壞式創新管理大師克里汀生，辭世前在他的辦公室外面掛了一個牌子"Anomalies Wanted"（徵求異常），時時提醒把任何異常現象當成是機會。近年來，各行各業興起關於個人化、客製化、用戶體驗、情境脈絡等議題討論，都是在強調人本與場域的故事性，未來是沒有大量標準的時代，每個組織與人都可依照自身信仰的價值理念寫出最特別的劇本。如何故事化場域體驗、劇本化組織例規，成為重要的課題。

本書帶給讀者看待事物的新思維，藉由不同角度看見不同事物之間存在多重層次的相互關聯；在教育上，應該尊重自主多元，依個人天賦潛力適性發展；在政治上，摒棄只問顏色不問是非，回到理性討論政策的氛圍；在商業上，除了追求獲利，企業更要善盡社會責任維持環境永續，兼顧股東與整體關係人的利益。透過全光譜思考力，減少直覺性的分門別類所帶來的偏見，不只適用於教育、政治、企業或領導管理，也包含個人、團體，甚至是整個社會。

站在企業現場的角度來看，台灣正面臨全球供應鏈重組、疫情衝擊、企業老化、經營傳承等多重挑戰。供應鏈重組是複雜的政治經濟與國際商業議題，很難靠個人或單一專業領域來解決，也沒有單一解方，除了回應客戶在供貨方面的需求，還要從企業的國際化布局、股東權益、員工發展機會等不同角度思考解決方案，進行決策時也應跳脫二元選擇，才能看到更多元的選項。面對疫情衝擊帶來的行業新常態，企業應該領導重於管理，發展新的績效衡量指標，才能鼓勵團隊突破改變，探索新商機。在老化與升級轉型方面，企業需要整合設計、科技、商業的全方位經營模式，將開發前端到產品上市後視為廣域頻譜，創造完整的服務體驗。

政府與業界正積極推動運用設計思考驅動產業創新，設計思考應結合全光譜思考力，放大創新能量，提升產品服務的整體競爭力。以推出許多極具革命性家電產品的 Dyson 為例，其設計都是先想像未來的應用場景，再設計出產品，追本溯源，也是運用全光譜思維從未來的視角發想，從同理心與解決痛點出發，進而持續創造出許多改變生活的商品。

在經營傳承上，企業面臨交棒接班的議題，未來的經營人才需要跨領域能力與全方位思維，跨領域才能激盪創意火花，全方位才能整合創新，衍生各種潛力與可能性，加上異質文化、多元背景、信任溝通，具備 T 型特質通常擁有較大的影響力，這些都是全方位人才的成功關鍵。轉型創新是台灣企業全球化不得不做、否則就會被淘汰的不歸路，台灣具有旺盛的創新能量，但我們必須從十年後反向思考，才能擺脫產業結構失衡、偏食經營的心態。

書中提出許多觀念與作法，例如：在策略和創新過程中放進「現在、未來、下一步」步驟；招募真正數位原生代並提拔他們擔任領導角色；為員工開設跨世代薪傳課程；進行新業務開發計畫，以了解如何將產品變為服務、訂閱、體驗、以及個人或組織的改造；藉由大量小規模的實驗來探索未來業務的可能性商機等，都值得台灣企業經營管理者參考之用。

這是一本改變思維的書，提供前瞻性的觀點，我們無法再用既有思維來處理問題，應將全光譜思考力視為改變的力量，協助我們辨識處理棘手的經濟、社會與環境的挑戰。特別是面對混雜的未來，危機已成為新常態，應該運用全光譜思考力結合創意以制定更好的決策，打造更健康、更永續與更繁榮的社會。

**推薦者簡介**

## 梅國卿

正美集團總經理，橫跨科技與生活產業領域，擁有豐富的國際市場營運與新創、創新管理多重DNA。

# 目錄

# 自序

我寫這本書時，回想起這一生當中有幾個特別的時期、事件還有人物，讓我思想上的光譜獲得巨幅擴展。因為這些際遇，讓我調適得更好，才能夠迎接現在採用的全光譜思考力。

我決定採用有別於傳統方式來向各位介紹我個人，希望透過自我回顧，喚醒您在生命中幫您拓廣思考的全譜域的經驗。對我而言，每一次經驗都有如暮鼓晨鐘般，讓我頓悟到採用新選擇的時候到了，新的譜域就在面前迎接我。

我開始在加州矽谷上班時，這裡還不叫矽谷，在這個適合醞釀創意的環境中，我逐漸成長茁壯。之後我就一直在未來學院工作，該學院是全球成立時間最久的未來智庫，同時期，我在其他地方也有多份職涯發展，但始終都以未來學院為全職工作的基礎。

我出生在美國伊利諾州鄉下的一個小鎮，那兒是全美籃球最狂熱的地區，我的青少年時期也幾乎都沉迷於籃球運動中，一直到離開家鄉日內瓦（Geneva），我才第一次面對挑戰，被迫擺脫從小習慣卻狹隘的類別思考。

因為我是州代表隊籃球員，很榮幸獲得伊利諾大學全額獎學金。其實，我只能勉強擠進大學男子籃球聯賽前十強，還達不到打職籃的水準。參加伊利諾大學校隊期間，有一晚我們對上加州大學洛杉磯分校的校隊，球賽在現場觀眾有兩萬人的芝加哥體育場中舉行，當時我們的對手加大校隊中，有未來籃球巨星卡里姆．阿布都—賈霸（當時還叫路．奧辛多，Lew Alcindor）。那場比賽我自認打得很出色，賈霸卻毫不費力一場投出四十五分，我抬頭看場上的他，心中響起一個聲音：「我得換別條路發展。」當時，我所有的努力和專注都在籃球上，那是我的身分認同，但從此以後，這一切都結束了。

一九六七年九月的一個大熱天，我從伊大畢業，開著老舊的白色福特，載著全部家當，在賓州高速公路上一路朝東開，不知道未來會怎樣。大學畢業了，但是所學的一切，沒有一樣是吸引我想要走下去的。正好那時賓州柴斯特（Chester）的柯羅澤神學院提供一個研究獎學金，所以我就接受了，這間神學院是當年馬丁．路德．金恩也念過的。沒想到的是，一九六〇年代的柯羅澤神學院是全光譜思維的培育溫床，雖然他們並不這麼稱呼這種思考模式。

我完全不像是會去念神學院的人，因為我只是拿獎學金的學生，雖然對宗教和靈修有興趣，卻無意投入神職。我修滿成為神父應拿的學分，但卻沒有準備要走上神職一途，儘管我對性靈方面一直有興趣，卻沒有對任何派門的宗教有特別主張。

在神學院期間，我剛好擔任一場名為「宗教與未來」的全球性會議的研究助理，這份工作要求我幫來自全世界各地的頂尖未來學家提包包，並招待他們。就是這樣的機緣，讓我的世界意外獲得大幅擴展。我還記得當未來學家赫曼．康恩（Herman Kahn）乘著直升機抵達時的生動畫面，我衝進還在旋轉的直升機葉片下，去為他提公事包。我也記得，看著會議上那些未來學家，我心裡浮起一個念頭：「這就是我想要做的事。」沒想到，五年後，我真的獲邀加入未來學院，從那之後，我就一直以未來學家為職。柯羅澤神學院是一座專為養成神職人員和宗教方面教授的學府，但是卻把我引進未來思考的世界裡。

日後我在西北大學完成博士學位。當我抵達艾文斯騰（Evanston）時，我一度以為自己以後會成為教授宗教相關的社會學教授。當時，西北大學的嘉瑞神學院（Garrett Theological Seminary）是座宗教研究所，在滿是歌德式怪物雕像、高聳的嘉瑞學院旁，有一道圍牆，圍牆另一邊則是低矮而現代感的建築，那就是西北大學的沃格貝克電算中心（Vogelback Computing Center），這裡有著當時全世界最大型的電腦。我每天都會穿過這道圍牆，而牆另一邊則是充滿神奇的世界：它為我打開一道屬於網路運算的新譜域，正好就在網際網路孕育的年代。那道圍牆就像是電影《夢幻成真》*中出現的玉米田場景一樣。

我在一九七〇年代後期進入未來學院，在這裡的第一個重大計畫，就是要與紐約大學的替代媒體中心（Alternate Media Center）合作，一同為像是有腦性痲痺等發展障礙的患者研究新式的遠距通訊媒體。在這個計畫中，我遇到一位患有腦性痲痺的青年，因為他，讓我原本的類別型思考受到衝擊而改變。這位青年不管說話或是使用手臂的能力都不是很完整，他卻可以靠著一塊上面印有字母和數字的小板子和人溝通，他坐在地板上，用他的腳拼出那些字，用這樣的方法和我溝通。沒想到，我們竟然能夠很快的以這種方式聊這個新計畫的細節，談他在計畫中所扮演的角色。**這個經驗打開我對身心障礙者出現新譜域的思考，也讓我對正常的無知假設受到衝擊。**但和當年相比之下，現在為殘疾人士設計的數位化輔助器材要進步多了，而我們對於發展障礙患者的關注度也高上許多。

每一次我生命中的思考譜域被打開，都要感謝像上述這位青年一樣形形色色的人生過客。我剛到未來學院時，有機會與賈克．瓦雷合作，他是法國電腦科學家兼天文學家，電影

*譯註：Field of Dreams，凱文科斯納主演的棒球電影。

《第三類接觸》（*Close Encounters of the Third Kind*）中那個科學家的角色就是以他為範本寫成的。賈克和我以前認識的人都不一樣，他的思考譜域之廣，更是我無法想像。賈克的車是一輛老舊的吉普車，因為這樣他才能在有人打電話來報告說有外星人綁架、或是和外星人有「近距離接觸」時，隨時跳上車前往事發現場。有一天，賈克帶我們研究小組去舊金山看一個名為「影片藝廊」（Videola）的藝展，這個展覽將電視改造成可以改變意識的多媒體，而不只是原本的內容傳送媒體。「影片藝廊」讓我們看到的是對未來多媒體世界發展可能的想像。更重要的是，賈克藉此讓我們團隊可以透過新的體驗，挑戰我們原本的類別式思考。像他這樣的人，我一生中只遇到非常少數幾位，他們非常深刻的讓我的譜域思考更為拓展。

一九九六年到二〇〇四年，我在危機中成為未來學院院長。我學過領導學，也帶領過一些小組，但卻還沒有帶領過這麼大的學院。這時，另一個譜域的思維，隨著許多問題的浮現又一一被打開：要怎麼為長遠未來的預測找到資金？什麼樣的組織架構最適合當下運作？什麼樣的環境最適合什麼樣的辦公室？做為未來智庫，什麼樣的行為最合宜？種種問題都不容易找到答案，我們好不容易才撐過來，而且還蒸蒸日上。

帶領未來學院的那段期間，我經常前往中國，希望能夠與當地的未來思想家合作。第一次前往中國時，我剛好讀到一篇文章，談到「社會主義市場經濟」，當時我腦海中浮現一個想法是「社會主義和市場經濟是有你沒我的對立選項」「不可能成為共存在同一個譜域上的可能發展」。但是我錯了。

本書第八章我談到，就在九一一恐攻事件發生前一週我人在賓州卡利索的陸軍戰爭學院，那次經驗讓我從此以後都會帶著企業法人和非營利組織的領導人前往該學院，進行三天的沉浸式領導統御學習體驗。對我們這些人來說，卡利索和蓋茨堡的經驗可以改變我們的一生。在我的成長經驗中一直對軍隊抱持懷疑，可是如今我卻從他們身上學到許多。過去的我，非常不公平的把他們放進錯誤的歸類，在卡利索的那次經驗澈底改變了我的人生。

我的職涯中去過許多地方，克服這種大量旅行的方法，就是做最壞的打算，並對身邊環境隨時保持警覺。我在軍隊的朋友管這種態度叫情境認知（situation awareness）。二〇一〇年時，我在倫敦針對VUCA（多變、混沌、複雜、曖昧，請見六十九頁）的世界和雲端運算做了主要方針的簡報。當天下午，整個歐洲大部份的飛機都因為冰島火山爆炸的火山灰飄散而停飛，所以從四月十五日到四月二十三日，我只能滯留在倫敦，哪裡都去不了，每天都不知道什麼時候才有班機，還要忙著安排其他講者代替我到原本已經排定的城市去演講。這次的經驗讓我知道，旅行有太多無法預料的事會出錯，這樣突然多出來的空間，本該好好加以利用（當時我正在寫一本書），可是我卻開始焦慮起來，不斷想著接下來該怎麼辦，然後一直盯著BBC電視台的最新消息。最新的即時新聞也只能預測到這麼多，而且我又不是擅於運用電視新聞來預測自己生活的人。

二〇一四年，我遇到了一件事，讓我對於獲利動機想法的譜域得以再次拓寬。當時我和寶僑實業的卡爾．隆恩合著《回饋優勢》（*The Reciprocity Advantage*）一書，隆恩發明像是Febreze汽車芳香劑、Swiffer乾溼兩用除塵拖把、Mr. Clean Magic Eraser神奇擦布等許許多多的產品。他告訴我，做生意不是贏家通吃、輸家全無的零合世界。「有捨才有得」這個想法可以鼓勵創新，同時讓許多人都成為贏家，獲得意想不到的成果。

寫這本書，也讓我用不同的角度看待自己的人生，我也希望這本書能更幫助您獲得同樣的效果。我更希望，本書可以讓您更敞開胸襟，當您被導向全光譜思考力時，能澈底與下一個時刻互動。

**回顧一下您的人生。有哪些時刻讓您澈底覺悟，因此看到更寬闊的機會和危機呢？**

# 前言
# 核心故事

「你會用哪些類別來形容自己？」

我主持工作坊時，常愛用這個問題來開場，我總是沒想到，大家需要用這麼多不同類別，才能夠形容自己：媽媽、爸爸、經理、會記師、領袖、董事、軍人、廚師、園丁、作家等，不勝枚舉。我往往可以看到一個人要用上二十種不同的類別。

再請問大家，你要在自己身上套上多少不同類別以後，才會覺得自己其實是散布在一個廣域的譜系之上？

類別會威脅也會利誘人們去使用它。人們使用類別來歸類別人，就像是用網子來捕捉野生動物一樣。類別就像獸籠一樣限制你。類別會要人命。

全光譜思考力可以讓人在一系列相近的特徵中，找到特定模式並獲得清晰度，讓人跳出框架，跨過框架，越過框架，甚至不需要框架或類別去思考，並抗拒錯誤的武斷與自滿。

在今天的政治氛圍，因為大家只看分類，結果總是將彼此弱智化。這種類別化的思考方式，讓大家無從參透大局。類別欠缺脈絡，類別只會帶來確定性，卻失去清晰度。

全光譜思考力能夠化解對立，它讓大家了解到，原來彼此差異並不大，只是因為透過類別化的狹隘鏡片，才會覺得差異很大。我的同事胡托士（Toshi Hoo）在未來學院新興媒體實驗室（Institute for the Future's Emerging Media Lab）擔任主持人，他指出，全光譜思考力讓我們看到事物會透過多種層面彼此關連，然而，類別化卻只看到它們不同的地方。

回想一下你共事過最會帶人的主管，那些最能夠激勵你的人：

## 這些主管是怎麼歸類自己的？而他們又怎麼歸類你和其他人？

我推測，這位主管應該不會不假思索就把人歸成一類，而是會讓每個人都覺得自己被賞識，而且充分獲得授權，不會受刻板印象對待。他們會用適合你的類別來定義你的優點，並且肯定你的貢獻，而不是小看你，或者貶低你的功勞。他們不會硬拿一個框框來套你，或是把你歸進不屬於你的類別中，他們會看到你還沒有發揮出來的實力。所以我猜，你心目中最好的主管，是著眼於未來，卻很少把話說死的那種人。

本書就是要談如何將你所欣賞的好主管特質，像種子一樣散播下去並培育它，讓它更為普遍。全光譜思考力會孕育同理心，不假思索的分門別類則會滋生傲慢。將人分類、畫框架的行為，讓人容易隨便用「移民」「黑人」「白人」「千禧世代」「同志」「猶太人」「穆斯林」「老人」等陳舊標籤來貶抑他人。要給自己選用什麼身分認同是自己的自由，但硬被別人貼標籤可就不同，而且不單是選用的字眼要緊，說話的口氣也很重要。

要擺脫這樣的情形，就要開發全光譜思考力，不要鼓吹刻板化印象，也不要隨意把人丟進自己發明的框框裡。

陷入類別式的思考完全不必動腦筋，只要不假思索，隨便臆測，新的經驗自然會套進舊框架、標籤、桎梏、一般化、刻板化裡。用直覺式的反射思考來給人分門別類非常草率莽撞，就算是經過審慎思考才決定要分門別類，事前也要考慮全譜域的可能，才可以進行分類。

分門別類是奪權和護權的方便法門，歷久不衰。類別化本身具有心理上和實質上的好處，因為它讓你發展自己的身分認同和族群。可是，因為懶得動腦筋或是草率的分門別類其實很危險，在未來的世界裡風險還會更高。所幸，人類已經慢慢不再拘泥於僵化的分門別類，朝向全光譜思維而進步。

過去美國NBA職籃球員會依位置分成a1到a5五類，分別是控球後衛（point guard）、得分後衛（shooting guard）、小前鋒（small forward）、大前鋒（power forward）和中鋒（center）。但是魔術強森（Magic Johnson）和詹皇（LeBron James）這類全方位球員出現以後，頂尖職業籃球員的分類不再那麼僵化，有越來越多球員可以同時勝任超過一種以上的位置，這一代的頂尖職籃選手幾乎是什麼位置都能打的。你很難把他們歸類為專屬哪一個位置的球員，他們也不會一直待在同個位置不變，真正用心打球的球員，都具有能打好幾種不同位置的能力，讓人無法將他們歸類為單一位置。他們能打好多不同位置，套用本書的說法，就是全光譜球員。

但是全光譜和分門別類並不是一翻兩瞪眼、非黑即白的對立關係。我並不是說分門別類就不好，如果分得正確、適當、無傷大雅，並無不可。大家都需要特定分門別類和有系統組織，有時還是很好用。好的分門別類能夠為我們帶來幫助。

比如說，出色的科學家就知道怎麼善用分類，卻不為分類所蒙蔽。分類這事在科學界由來已久，也有其優點，不過，誠如約翰．符傲思（John Fowles）所言，人類都太倚賴分類，乃至於無法領會到世界的多譜域之美。人類往往見樹不見林，著眼於為一棵棵樹命名分類，以至於看不到整座森林。

全光譜思考力適用於各種不同大小的組成：個人、組織和社會。未來，隨著更多不同工具出現，全光譜思考力會更為重要且更容易運用。

透過將新舊科技與新舊媒體混合使用，就能夠達成全光譜思考力，這樣一來，全光譜思考力會成為必備能力。未來十年，目前我們用來進行全光譜思考的工具將會大幅的進步，同樣的，到時候人們也會用更細膩的方式來看待和理解外在世界。

包括電玩遊戲式的互動、大數據分析、資料視覺化、區塊鏈、以及機器學習等可以輔助思考的強大數位工具，都將變得更有效率且更易操作。隨著使用者的需求變得更為迫切，數位清晰過濾器（clarity filter）也會變得更為實用。全光譜思考力受益於數位功能的擴增，讓我們得以抗拒不假思索進行分門別類的誘惑和錯誤斷言，對當今引人不安的激化對立而言，不啻一帖良藥。

全光譜思考力具有找到共通性的能力，這是一般方法不易找到的。它能夠看出模式，尋找清晰度，抗拒確定性，這對了解自身、了解周遭世界以及未來世界，是很好的起點。它提供脈絡，鼓勵細節。

即使今天盲目的分類思維當道，許多領域也還是在盲從，但更為實事求事的未來就快到了，我們將更能明辨秋毫也更有希望。理想中的未來世界，將會是在理智主導下，結合審慎的分類思考和訓練有素的全光譜思考力。

將來會有越來越多新式數位工具可以提供我們全光譜思考力，藉此能在商業、領導、創新、政治、社群關係和許多其他領域取得突破性的進展。屆時，為現代人所慣用卻散漫無章的類別型思考就很難再有存在的藉口，也顯得荒謬。

未來的世界是混雜（scramble）的：迫切、恐慌、不平衡、希望，組成不對稱的拼貼。全光譜思考力為未來做好萬全準備，得以參透契機和威脅。有人現在就已經採用全光譜思考力，這些人的努力在日後會越見成效，且事半功倍。將來，全光譜思考力的新手將更容易開發這方面的能力。

人類會逐漸邁入後類別時代，那時的社會會獎勵全光譜思考力。類別不會完全消失，不見得能完全脫離，只是不會再威逼利誘人們使用。

本書也想說明為什麼現在就該拋棄類別式思維轉向全光譜思維，並且有三個目標：

1. 改善人們看待過去、現在和未來的方式。
2. 改善組織尋找並衡量新商機的方式。
3. 在策略對談時，跳脫二元選擇，看到更多元的選項。

本書也適合法人機構、非營利組織、政府機關、軍隊在訓練與執行開發計畫，無論是在招募經理人、人才招募主管、人力資源長、執行、投資總監等主管和各類創新人才時，都可以使用到。

書中詳納一系列指導方針、工具和行動步驟，幫助你開發全光譜思考力，同時也幫助你在自己的企業組織中推廣這樣的理念。

我希望，本書能夠散播全光譜思考力的種子，並孕育其成長茁壯，培養未來世代擁有全光譜思考力。我的宗旨是，鼓勵企業領袖、培訓人員、公職人員以及個別民眾，共同拋棄簡化的標籤、類別、框架、刻板印象和成見。武斷的危機現正日益高漲。

我著重在討論決勝未來所需要的思考習慣，同時也談及如何推動世界進步。這是來自我在美國陸軍軍事學院（Army War College）的經驗，當時我心中浮現一個問題：九一一恐攻後，領導人物必須具備什麼樣的能力？之後我開始對領導統馭能力的「養成」感興趣，也就是屬於領導技巧以外的部分。

本書的三個部分互有關連：

● 第一部說明本書核心概念，並探討未來思考（futures thinking）和全光譜思考力有助於打破過去和現在所慣用的分類框架。

● 第二部探討新工具、網絡、以及真正的數位原生代（digital natives），他們將會進入未來混雜的世界，將全光譜思考力推展到全球。

● 第三部聚焦於目前已經開始萌芽的未來世界，介紹幾個例子，讓大家了解較廣譜系的最新運用，這些都會陸續從「可能」變成「強制必備」。

隨著人們能擁有更多清晰度、更少確定性，新譜系所代表的意義也可能出現。很多人很確定，但很少人很清楚。這個情形將會有所改變。

# 第一部 不能讓老舊思維繼續下去

未來將會懲罰類別化思維，獎勵全光譜思維。

未來將會出現全球性的**混雜***，難以分類。到時候就需具有全光譜思考力的心態，才能夠搞懂來龍去脈。下一個十年，會出現巨大變化，一些現象都會變得越來越明顯，包括貧富差距、資產差異、網路戰爭、網路犯罪、全球氣候變遷等。

混雜的未來將充斥各種有害的假訊息（不盡然是蓄意）、誤導人的假消息（蓄意）和不信任。在這樣的未來，硬將新威脅或契機塞進舊思考類別中會很危險。所幸，新的全光譜思考力，在下一個十年間會逐漸成為可能。為了成長茁壯，全光譜思考力會成為必要的思考模式。

* 譯註：Scramble 一詞的用法是作者為形容這種新的現象所創，其定義請見第四章，作者會詳細解釋。

以古老的民間故事為例。有一箱雞蛋，任由你作主做成不同的料理，然而，蛋一下鍋拌炒，就不能反悔了，到時，也只能將就已經炒熟的蛋想辦法，變換不同口味做成各式加蛋料理。

在混雜的過程中，很多被卡住許久的東西都會被打碎，有些則會被解開。當前社會有許多負責拌炒的人散布在我們身邊，屆時他們也不太能把已經混雜的東西恢復原狀。

在我所預測的這個未來世界中，會因為出現大量混雜而發生意想不到的後果，同時也會出現許多有創意的新選項，那是過去世界所不存在的。未來會變得更讓人難以揣摩，但是多數人，包括領袖級人物也一樣，都還沒有準備好。

過去我們慣用的分類方法，只有在新的契機和威脅正好符合舊式理解時才有用。但是，如果將人刻板化、或將新經驗太過快速和過分的簡化，就會有危險。人們企圖劃分類別，為的是了解事情，可是分門別類卻太容易產生膚淺或是錯誤的理解，有時候，分類還會醜化或是貶低他人。

全光譜思考力其實不是新發明，反之，我們的老祖先可能比我們還常用這種思維模式。甚至可以說，小朋友生來就具備這種思維模式，是大人硬逼他們接受標籤、僵化的知識，以及考試制度、電腦自動填空，以及二進位式的運算方式，導致最終一切都簡化為零或一。

將來，為了要用簡單說法讓大家可以了解混雜的現象，我們周遭會充斥過度簡化的說法，尤其是偏激政客和極端宗教團體更容易如此。當未來世界紛紜雜沓，一時間會讓人摸不著頭腦，無以為名，眾人窮於應付之餘，隨便冠上讓人安心的標籤就很難抗拒，但這卻很危險。

全光譜思考力雖然朝向加強數位化的世界進步，但與其說它是進步，毋寧說它退後一步，回到類比的運行。

為搖滾樂團披頭四製作唱片知名的製作人喬治．馬丁（George Martin）和披頭四開始展開合作時，樂團正想要突破，因為他們對現場演出樂迷瘋狂吶喊感到不耐。馬丁就是善於運用全光譜思考力的人，雖然當時還沒有這說法，但他的思考模式讓他得以跳脫現場演出的框架，他想出了融合類比和數位的模式，他不想讓唱片模仿現場演唱的模式，他想要創造的是完全不同於現場演出，甚至某方面超越現場的音樂，他的想法跳脫了二元性。可惜我們的時代卻不然，我們從類比轉換為數位，卻犧牲了愛好黑膠唱片樂迷所喜好的聲音品質。我們可以效法喬治馬丁和轉型後的披頭四的音樂態度，創造出一個新體驗譜域，既具有類比的細膩度，又有數位的威力和精確。

未來，會更容易在各種不同的全光譜思維間進行思考，而不只限於一種譜域。人類的大腦慣於以古鑑今、將新事物塞入舊有窠臼中，但下一世代的工具和網絡將有助於訓練人類的大腦學會新把戲，也就是全光譜思考力。

二〇一八年十月四日，我在紐約市的腦神經領袖高峰會（NeuroLeadership Summit）上發表論文，講評人中有一位哥倫比亞大學的腦神經科學家凱文・歐克斯納（Kevin Ochsner）教授，他認為我的演說具有前瞻性，能夠讓我們大腦所預設的上述功能「擺脫一直只在當前打轉的窠臼」。

他說：人類的大腦，因為演化所致，會不斷的進行歸類，再預測下一步，目的是為了讓人類遠離危難，獲致安全。雖然，人類的大腦其實不具備預測未來的能力，卻總是妄下預測，尤其狀況不明時，大腦的預設反應是擔心害怕，要不就戰、要就不逃，只能擇其一。人類大腦的功能是在古代就被設定好的，這個設定讓我們不停的針對未來做出預測，但是因為大腦總是以古鑑今，這可能在將來為我們製造很多問題。

不久的將來，人類會不得不訓練古老的大腦學習新的花樣，不能再只是從事莽撞、草率的分類，而必須要有審慎的全光譜思考力。有時候，分類甚至還會被當作武器，以合理化暴力；有時候，分門別類是為了裝懂。；但也有時候，分門別類是為了要醜化、貶低他人。

全光譜思考力能夠幫助大家用從未來往後看的眼光來構思策略（我稱之為現在、未來、下一步），這是大家如果想在混雜的未來中成功的話，現在就非常迫切要開始著手的。

現在有許多人，包括最受歡迎的政界和宗教界領袖，都只從自己非常有限的領域、框架裡思考。但是，也已經有些領導人物，開發出能夠跨越不同框架思考的能力，這些人才是值得我們關注的對象。

分門別類的思考模式不太能夠做到明察秋毫、見微知著。全光譜思考力則既能見微知著，又是可以細分拆解的。儘管緊張關係依然存在，因為文化本身就對於類別很敏感，而且還會刻意去強化類別的差異，但是全光譜思考力提供的可能性之多，讓它可以持續擴張。

比如說，現在我們會說上線或下線，但在未來世界裡，隨著連線種類和形式增加，兩者之間越來越難分得清楚。往後十年，上線和下線之間會出現不同程度的中間譜域。現在，多數人是下線狀態，上線的是少數人。；未來，則會變成多數人會是上線的狀態，下線成為少數。到時候，要是硬要區分上線或下線，就會讓人覺得你脫節。；到時候，「登錄上線」這種話對大部分人來說會很陌生，聽得懂的大概只有年紀很大或是跟時代脫節的人。

當然，分門別類這種事是不可能會消失的，而且如果一個新狀況正好完全吻合簡單的舊類型時，那拿來使用也還過得去。可是，過分簡化的類型、標籤、通則化和刻板化，則是自曝其短——草率和危險。在一個全光譜思考力的技巧和能力非常普遍、常見的世界裡，種族歧視、性別歧視以及各種偏見、歧視都很難自圓其說。

## 優先考量的問題

以個人的角度，對於為自己和他人所做的未經檢視的推論，如何提出有建設性的質疑？

以組織機構的角度，如何仔細分門別類，讓員工都能發揮所長，而不是把它們套入框框中？要怎麼思考，才能創造出更多樣的業務，以及更多元的社會價值？

社會要如何避免刻板化的危險？社會和文化又該如何種下全光譜思考力的種子，並運用全光譜思考力未來成為更美好的世界呢？

第一章

# 爲全光譜思考力做準備

## 更多清晰度、更少確定性

管理學大師彼得．杜拉克（Peter Drucker）二〇〇五年以九十五歲高齡過世，前一年左右，我們有幸前去拜訪他。當天中午過後不久，我們來到他家裡小房間時，可以看到咖啡桌上四處散落著飲料罐子，上頭都還套著出廠時用來套住罐子的塑膠束帶。這趟拜訪，是為了和這位知名的管理學大師聊工作以及人力資源的未來演變。

這天和我同行的是寶僑（Procter & Gamble）當時的執行長拉富禮（AG Lafley）、人力資源部主管狄克．安端（Dick Antoine）以及極有前瞻力的思想家克雷格．韋奈特（Craig Wynett）。我對於獲邀同行深感榮幸。拉富禮為了能與高齡九十四歲的大師見上一面，還特別搭公司專機從美東飛到美西，以全球最佳公司的執行長之尊，願意謙卑受教於杜拉克，令人動容。

我們在抵達前原本接獲通知，會晤時不會有人接待，形式簡單，不過，後來杜拉克還是熱情的邀我們前往他位於加州克雷蒙市（Claremont）的住處，一間帶有農場風格的房子，這裡離他創建的克雷蒙研究大學杜拉克管理研究所只有數步之遙。杜拉克當時動作已有些遲緩，可是思緒依然活躍。和他相處一會兒，讓我的想法澈底改變，這次會晤也成了本書主軸。

杜拉克提供他寶貴的意見。他說，人生前半段應該要多多嘗試各種類型的工作，其重點在於要讓自己和許多不同類型的人合作。原因是，在這階段的你還在摸索，還不知道自己會成為什麼樣的人。他的教誨是，要嘗試各種譜域中的多種可能。

杜拉克說，到了人生後半段，則應該專心於熱情所在的事情上，而且只和你喜歡共事的人工作。專精本身是件好事，但是不應該過早專精。工作被分成各種類型本身並沒有什麼不好，但如果你因此被鎖進工作類別的牢籠中，那就不好了。

當時的杜拉克已是近百人瑞，但依然思緒敏捷，所以我想他話中所謂的「前半生」應該意味著五十歲以前吧。時隔二十年後回想起來，彼得．杜拉克這番話其實是在鼓勵大家，要對於工作和人生抱持全譜域的思考習慣，尤其是在面對一些重要的生命里程碑時更應如此。

而且，他其實還話中有話，我後來才了解，他指的是各種不同大小的個體：從個人到組織、乃至於社會。

## 跳脫二元選擇

彼得．杜拉克鼓勵我們要能夠超越類型的限制和強制。在五十歲前盡可能的嘗試多種類型的工作，別讓旁人（不管是爸媽、朋友、老師、第一份工作的老闆或公司）太早將你歸類，或是為你貼上這或那的標籤，也不要把自己設定在單一工作或職涯的軌道上，就算明知道這不是你的職志所在。要尋找你終生的志業所在，而不要只是找一份糊口的工作。

許多我所認識的家長都很單純的設想孩子終歸都要上大學，但他們的孩子，很多人卻不是那麼篤定，許多年輕人對於自己想要什麼並不是很確定，也不清楚大學文憑的價值何在，但他很確定自己不想要背學貸。因為不知該上大學還是工作，越來越多的美國家庭都選擇在高中畢業後，讓孩子擁有一年「空檔年」（gap year），他們可以藉此思索未來走向。空檔年就是現代人開始接納更多樣譜域思維的簡單例子。

父母對於孩子的未來所懷抱的期望，往往比孩子自己來得明確。我有位年輕同事蓋布．塞萬提斯（Gabe Cervantes），雙親是墨西哥移民，他是家族中在美國土生土長的第一代，也是家族中上大學的第一代。他在威廉斯大學（William College）畢業後就來擔任我的研究助理，在加入我的團隊之前做過幾份工作，本來正打算要去攻讀法學院，但突然決定要到未來學院（Institute for Future, IFTF），因此投入我撰寫本書的工作團隊。他的家人知道他的選擇後非常震驚：因為他們期待兒子當律師，而不是個未來學家。而且，他們壓根就沒聽說還有所謂「未來學家」這種職銜。蓋布曾答應爸媽，要以念法學院為志，日後當上律師，為企業高階主管出主意，他之所以選擇到未來學院上班，是希望能夠早日獲取和高層主管合作的經驗，但他的爸媽卻不了解他做這個選擇的原因，只覺得訝異。蓋布日後可能還是會去念法學院，但在做決定前，他希望能獲得更多不同的工作經驗。

彼得．杜拉克也建議那天前去拜訪的實僑主管們，要多給員工多種不同工作的選擇，並幫助員工處理障礙與做決定。不要以為大家都會選擇相同的職業發展或種類，要鼓勵員工敢於走上不同於主流的道路。

多數人在年輕時都沒有找到終生職志，很多人甚至終生沒找到。很多人常年投身在自己不喜歡、更談不上喜愛的工作中，每天工作數小時。杜拉克自己第一份工作是當新聞記者，一輩子最少換過六種不同的工作。在我們拜見他的那個週日下午，他肯定已經找到自己的職志了，但是，即使是他，也是一直到六十多歲時，才真的定下來，投身於畢生志業。

拉富禮接下寶僑實業執行長一職後，在芝加哥舉行第一次內部演說，對象是寶僑的去職員工網絡。在那之前，因為寶僑在聘雇員工方面一直很封閉、保守，所以沒有離職員工網絡這種東西。當時的寶僑對這個離職員工團體很不友善，但在拉富禮的演說中，他卻將該團體視為寶僑全球大家族的成員，說話對象也納入寶僑正職員工和去職員工，因此他的這段演說大獲肯定。

在美國，外界對於能在寶僑工作的看法是，就算只在該公司待過幾年，也能給你的履歷大大加分，那種加分的程度差不多就跟念了個管理碩士一樣。但是，寶僑內部對於在該公司上班的看法卻不同，他們會覺得如果在寶僑上班幾年沒往上升，那就得走人了，寶僑只用自己公司內部晉升的人當主管，很少從別的公司延聘高層空降。我從研究所畢業後不久，就開始和寶僑有合作案，但我很早就從和他們合作的經驗中知道，我認識的人只要一離開寶僑，以後就不能再和公司的其他員工提到這個人，對寶僑的人而言，只要離開了寶僑就像死了一樣，或者像是在外太空，成為離開母艦的船員，變得無關緊要了。但拉富禮改變該公司的文化。

杜拉克說人生應該廣泛嘗試的說法，深深吸引著拉富禮。日後我把本書第四章的草稿給他看時，他才告訴我，原來他念大學時每年都換新的主修：從數學換成英文，再換到法文，最後是歷史。他還花了四十七個禮拜專攻希伯來語，直到流利的地步。他在火車站當過貨運車的搬貨工人，也在製鐵廠當過沖床工人，還在高中當過幾堂課的代課老師，一直到三十歲才進寶僑上班。後來他寫了封信給我，回想在彼得杜拉克家的那個下午：「我覺得杜拉克主張人們不該過早選定職業是對的，不應該過早被套進一個類型或是事業中。」

## ◆聘僱 vs. 終生可聘僱制

拉富禮後來升為寶僑執行長時，注意到寶僑那時已經不再給員工終生聘僱的機會，換成終生可聘僱制（employability）。這其實是一種對於工作和生命的全光譜思考力。

這群從寶僑出走的前員工（長久以來寶僑員工會眨眨眼、意有所指的稱他們為「迷失的孩子們」）終於被新任的執行長接受了。寶僑現在基本上還是會從公司內部拔擢員工，但是晉升管道已經變得更為多元。要待在這個寶僑大家族裡工作和互動的可能性變成全光譜了，不一定非要全職員工才能勝任這些事。即使我從來沒正式在寶僑上班過，不過我現在也覺得自己屬於寶僑出走員工的一員。

寶僑這家巨大的公司已經逐漸揮別過去只用正職和離職來看待員工的二分法態度了。一日為寶僑人，終生為寶僑人。

當時，對於一直期盼能成為終生僱員的人而言，這樣的改變宛如晴天霹靂，但長久來看，這其實是好事。一輩子中能夠有多種不一樣的受雇機會，其實要比一輩子被綁在同一個職位上好得多。現在要在寶僑上班的方式有著全光譜的可能，當中也不乏終生正職的工作，但不是保證。能和寶僑牽上線就是好事。

在未來學院我學到很類似的經驗。在進到學院的年輕人身上我投資很多，所以在他們決定要離開時，我常常很難接受，但現在我已經知道，離開未來學院，並不代表一切就結束了，只是大家的關係改變了而已。這些過去的全職員工有的變成客戶、有的則變成新的同業，過去我對於員工的定義太狹隘了。

分門別類讓人眼光短淺。類別具強制性。類別可能成為牢籠。

你該用什麼樣的類別來描述自己？又會用什麼樣的類別來描述其他人？未來這十年間，對於人與人之間的界線（你自己和別人）、各種組織（包括企業、非營利、宗教團體、政府等）以及社會等的界線，我們會逐漸從僵化、明確的類別移往彈性、全光譜的思維模式，以下是正在發生的廣域譜系變化，這些正預示著我們朝全光譜思考力提升。

## ◆個人的全光譜思考力

請見表 1.1，隨著新一代網際網路襲捲全球，每個人都會朝向多種身分認同轉變，這樣的多重身

| 從類別 ➡ | 朝向全光譜 |
| --- | --- |
| 每個人都被歸類成單一角色或頭銜 | 每個人都有多重角色、但頭銜沒那麼多 |
| 每個人都有固定的身分 | 每個人都有多重、流動、多層次的身分；有些是真實的、有些則是虛擬的 |
| 買方被視為商品的被動消費者 | 期待買方在搜尋產品、服務、體驗和個人成長時，態度主動且會互動交流 |

**表 1.1　個人的全光譜思考力**

分會變得逐漸重要，而且虛擬身分也會變得和真實身分一樣重要，屆時每個人都會在不同的時空下擁有不同的身分。

採用一個身分認同對於和他人發展出社群關係可能很重要。想創造身分認同和自我價值感，分門別類會是一種方法，對某些人而言，標榜自己不是哪種類型的人也是很重要的事。對很多人而言，他們對自我的感受受到類型的定義：我是黑人、我是基督徒、我是猶太人、我是酷兒、或我是教授等。可是身分認同會變得越來越流動且多層次。

為別人分類則較麻煩，風險也更高。因為不小心就會變成是在批判人或是貶抑人。因此，慢慢的，個人和機構都會在歸類他人時更為小心、有所警覺。

過去，廣告往往是依族群分類，將消費者分成幾種不同的目標市場，但未來的消費者會變得更難分類。每個人都會有多重身分，混雜於虛擬和真實世界中。未來的消費者不會喜歡被稱為消費者，因為這個字太被動了，每個人都會有多重的身分。所幸，新的數位工具會幫我們在一連串的可能性間思考，而不會只是把人硬塞到類別中。

到時候，企業不會再把購買產品的人單純當作「消費者」，而是會把他們當成是「人」，想辦法去了解這些人在不同時候，所主動採取的不同身分。像在迪士尼世界與目標百貨

（Target）就不稱客人為「消費者」，而稱呼為「嘉賓」。

## ◆組織的全光譜思考力

今日的組織機構怎麼分門別類呢？他們所勾勒的各種類別在未來又會有什麼改變呢？什麼樣的組織最吸引你呢？

如表1.2所示，組織型態也會變得越來越流動。嚴明的階級在一些移動緩慢、可預期的環境中還管用，但變動這麼少的環境會變得很稀有。對多數人而言，都會持續交替於領導者和追隨者的角色之間。

在快速變動、難以預期的環境中，指揮與控制這樣的階級就不那麼管用了。在第八章中，我會探討美軍是如何發展至現況，變成階級更具彈性的型態，卻還能傳達指揮官的意圖，只是在執行面更具彈性。

在未來這些的活潑組織中，人們也會扮演多重的角色。領導人會隨著業務不同而變成追隨者，然後下一個案子又會變回領導人，組織會鼓勵並犒賞這樣的階級變動。組織跟組織之

| 從類別 ➡ | 朝向全光譜 |
|---|---|
| 傳統工作 | 更多工作類型，更多較不正式、較具彈性的工作管道，不用擁有正職 |
| 單一特定角色的工作像是經理、員工、領導、追隨者、僱員 | 每個人都有更多混合的工作、更少全職工作、更多電腦擴增、有些工作轉為自動化 |
| 指揮與控制 | 領導人很清楚目標，但要怎麼到達卻很有彈性 |
| 階級嚴明、公司章程僵化，嚴守報告層級 | 更多變形組織，階級不是常態性 |
| 中央集權 | 權力分散 |
| 專注於產品 | 專注於從產品到服務、到訂閱、到體驗、到成長等企業價值的譜系多樣 |
| 更封閉且向內看 | 更開放且向外看 |

**表 1.2　組織的全光譜思考力**

間的疆界也會變得更多孔、易穿透，員工來來去去成為很常見的事。比如軍隊中的特遣部隊，他們會依不同的環境扮演不同的角色，也會依不同的方式運用自己的各種專長。

## ◆社會的全光譜思考力

不同社會和文化會用什麼類別來描述其居民呢？隨著多元化增加，族群類別也會跟著瓦解，越來越多人會把自己歸類為「他者」。過去，在被問到是否為教會成員時，答案很簡單，是或不是，然而，現在很多人會回答「我有信仰，但不是宗教信仰」。一些讓人套上去很安心的類別現在都瓦解了，因為這樣有些人會覺得不自在，因為他們還持續在問哪些人算圈內人、哪些人算圈外人。表 1.3 顯示的正是未來十年內將發生的改變。

隨著遷徙頻繁，各地會充斥負面的刻板印象，到時候全光譜思考力的需求就會增加。有些國家和文化會緊抓著安心的舊類別不放，但未來世界需要的是全光譜思考力和行動。

彼得．杜拉克正是位全光譜的思想家，但他沒有獲得現在才出現的數位工具輔助。未來十年內，輔助全光譜思考力的工具會更加完善，全光譜思考力的需求量也會增加，受到局限的各種類別會換成全光譜思維，即使這樣的改變並不輕鬆。

我用「青年震盪」（youthquake）一詞來描述成長階段一直有數位媒體相伴的年輕族群，這些人對所處的世界要求很高，懷抱著遠景，又有橫跨全光譜可能性的思考工具，這讓他們能推動世界進步。例如：在美國佛羅里達州帕克蘭（Parkland）校園槍擊事件發生後，高中學生很快就自主動員起來，發起全國性

| 從類別 ➡ | 朝向全光譜 |
|---|---|
| 專注於個別的社會、國家、文化 | 專注於一系列多種社會和文化間的不同的文化、價值和信仰 |
| 中央化的政府 | 分散治理 |
| 國族主義 | 全球化和區域化 |
| 專注於單一文化：我們相對於他們 | 專注於跨文化：大家有什麼相同處 |
| 權力為少數人所擁有 | 多人共享權力 |
| 孤立隔離 | 連結緊密 |
| 世代各自為政 | 年輕的社運成員憑藉著熟稔數位科技、網路連接性以及漸增的權力，推動青年震盪改革社會 |

**表 1.3　社會的全光譜思考力**

的槍枝管制運動。這群年輕人完全不能被歸為一類，因為他們的差異性太大了，我們甚至無法預知道他們長大後差異會有多大。

本書是以前瞻的視角寫下的。要是你搶先讀了，那就早一步採用全光譜思考力搶得先機。再晚一點，全光譜思考力就會成為成功的先決條件了。

# 第二章 分類的強迫性

## 不要把你的標籤貼在我身上

人類大腦天生就愛拿舊框架套用在新事物上。套不進舊框架的新事物會讓人感到不安，因此我們會硬把它套進自以為了解的類別中——無視於這可能弊大於利的事實。這樣無意識的作法，讓我們陷入無明的狀態。標籤善於詐騙，自己的大腦則是詐騙集團的共犯，這樣依賴過去分類的標籤會讓我們置身險境。

有些標籤不是自己下的，而是自身以外的權威所為。比如，醫生為你做檢查後，判斷你是否得了流行性喉炎——這是一種標籤。科學研究仰賴種種的標籤：化學週期表、物種命名分類、從粒子到波的量子物理*。分類，做為分析過程的一環，本意是要找出細節而導引知識。全光譜思考力則能帶出脈絡，由此萌生洞察力和智慧。

如果答案只有對或錯、是與非時，貼標籤還算過得去，可是如果答案是從一系列可能選項中選擇的話，那標籤就很不管用。貼標籤意味答案中多了批判，少了可能；標籤往往伴隨著武斷；替個人、組織還有社會貼標籤難免出錯。

美國導演史派克．李的電影《黑色黨徒》（*BlacKkKlansman*）是部嘲諷的寓言電影，講的是對種族或族裔妄下標籤所引爆的危險。這是一部以朗．史塔爾沃斯（Ron Stallworth）真實生平改編而成的電影，朗是在科羅拉多泉任職的非裔美籍員警，他的任務要滲透到由白人組成、仇視黑人的三K黨中，這樣一件不可能的任務，卻在現實世界中真實上演了。朗．史塔爾沃斯在片中的角色（約翰．大衛．華盛頓飾）為了臥底，他先用電話和三K黨成員聯絡，因為他是黑人，所以不能讓對方見到他的真面目，但是他很會裝白人腔調，所以三K黨人不疑有他。

和朗一起出任務的警察菲普．齊默曼（Flip Zimmerman，亞當．崔佛飾）是便衣警察，

＊譯註：量子物理發現物質具有粒子與波動雙象性。

負責代替朗出面，當他的替身。菲普本人是猶太人，這點在片中很關鍵。下面這段對話點出草率貼標籤的危險：

菲普．齊默曼：我才不會為了幾個沒受過教育的鄉巴佬去縱火，賠上自己的性命。

朗．史塔爾沃斯：但上面交待我們辦這件事。你有什麼問題？

菲普．齊默曼：這就是我的問題所在。對你而言，這是場聖戰；對我而言，這只是上級交辦的事，無關個人恩怨，而且這本來就不該牽扯個人立場。

朗．史塔爾沃斯：你為什麼不能當一回事來處理？

菲普．齊默曼：為什麼要當一回事？

朗．史塔爾沃斯：因為你自己就是猶太人啊，兄弟，你們是所謂的天選之人，但你一直假裝自己是所謂的白盎新（WASP）——信奉新教的盎格魯薩克遜白人（White Anglo-Saxon Protestant）——學人家吃櫻桃派、熱狗，裝白人。跟一些皮膚較白的黑人一樣，他們也裝成是白人。聽到三K黨人話中散播的仇恨，你難道不氣嗎？

菲普．齊瑪曼：當然會。

朗・史塔爾沃斯：那你為什麼一副沒被罵到的樣子？

菲普・齊瑪曼：菜鳥，那是我的事。

朗・史塔爾沃斯：那是我們的事。

在《黑色黨徒》片中，標籤和類別被用來當作攻擊的武器。類別真的會殺人：我們這類人比你們那類高級，或者你們那種人讓我們害怕，你們這類人應該被剷除；類別會被用來控制和壓迫他人，並壓抑省察力和體諒的心；類別會威逼誘嚇；類別缺乏細膩性；類別偽裝成解答，實際上卻侵蝕著真實的複雜本性。類別和標籤對於不假思索的批判趨之若鶩，毫無反省能力。類別看似能保護我們免受不懂的事物侵擾，其實只是提供一種虛假的保護感。當我們區分類別時，我們就停止思考，對於想要理解的事，就不再找尋可能的答案。我們把人分成幾種同溫層，然後只聽自己贊同的聲音。MSNBC和福斯新聞這兩家新聞台，在美國對於政治新聞的處理常常南轅北轍，但很少人會同時看兩台。

類別和普遍化讓人容易把非我族類劃入簡單化的類別，像是「移民」。恐懼和想像出來的威脅，是這種類別化背後的動機，兩極對立的思想，就是類別化思考極端的表現。

## ◆類別化的根埋得很深

世貿中心遭遇九一一恐攻事件後沒多久，我和許多人一樣，都經歷一段情緒波動、久久難以平撫的時期。衝動之下，我在自家藏書室設了一個專屬書架，上頭擺的書，只要看到就讓暖意油然而生。裡面有本湯瑪士・孔恩（Thomas Kuhn）一九六二年出版的著作《科學革命的結構》（*The Structure of Scientific Revolutions*），我在西北大學念博士班時第一次讀到這本書，至今始終收藏在我珍藏書目的書架上。

孔恩主張，典範模式能夠幫助科學學門成形，但也會僵化成為死板的類別，讓新的觀點無法發揮。我現在了解到，是孔恩的概念把我推向全光譜的概念，讓我想出了思想的新典範模式，超越類別的約束：

在新典範的引導下，科學家採用新儀器觀察新地方。更重要的是，在革命階段的科學家，即使用舊儀器觀察他們已經觀察過的地方，也還是會看到新的、不同的事物。就好像整個科學團隊突然被送到另一個星球上，所有原本熟悉的事物，加入了不熟悉的事物，全都擺在不同光線下觀察。

全光譜思考力就是能幫助我們在熟悉的狀況下，用不熟悉的方式重新審視事物。《華盛頓郵報》曾刊登一篇符傲思（John Fowles）一九七九年經典小說《樹》（*The Tree*）的書評，該文充分點出類別的優、缺點。符傲思主張，每個人心裡都住了一個「綠人」，會去感應周遭的大自然，但這樣的能力卻被我們心中的分門別類掩蓋了，他說：

> 該書主要意象是林奈那座小而一絲不苟的花園，林奈發明了廣為後世採用的動植物分類法，在他的影響下，科學界投入大量精神在為動植物貼上專屬標籤，解釋其特性與生態……目的不外乎是為了從看似相同的大量動植物中，區分出彼此的差異……（這知識）卻因此扼殺我們用其他方式觀賞、理解和體驗動植物的可能。這一切，全拜這棵烏普薩拉（Uppsala）知識之樹所生的苦果所賜。

我們心裡的綠人並不會分門別類，該書評認為，約翰符傲思小說的核心精神在於他與大自然之間的關係，符傲思並未全盤推翻科學分類的優點，但是他認為，我們太過倚重科學分類。符傲思在小說中這麼寫道：「沒錯，科學、偽科學、藝術賞析，都有其存在之必要，在大自然的研究上尤其不可少，但，危險的是，不管是藝術或是大自然，強調的都是人為創造的部分，而非宇宙萬物。」

畫家兼作家詹姆士·普羅塞克（James Prosek）擅長以繪畫和寫作呈現大自然，但他卻不以傳統的類別角度來呈現。他認為，用類別來理解大自然，限制了他做為藝術家想要了解的大自然流動，而這一切，都肇因於他對於魚類的著迷：

我慢慢了解到，其實物種本身並不那麼一成不變，並不像現代分類學之父卡爾林奈所認為的那樣。自然歷史博物館（收藏屍體的大自然）、動物園（收藏活體的大自然）還有書籍（收藏有關自然的思想和圖像），長久以來，都一直灌輸我們一個觀念，稱大自然恆常不變、可以分類。但這些媒介，其實都是將大自然簡化後的結果，權威、專家篩選過，認為適合用來呈現給大眾的大自然的斷面，不足以充分代表大自然，大自然是混亂、多面相且交互連結的。

對於前人觀看世界、安排世界的方式，我們全心接受不假思索。對權威如此心悅臣服，是否讓我們喪失用新觀點看待事物的能力？對動植物命名的確讓我們誤以為自然萬物永遠不會變化，但其實大自然就跟描述它的語言一樣，是善變的。一位藝術家若想要去掉這層命名，並透過重新命名提醒世人可以有這樣的新觀點來看待世界，往往會面臨質疑。

我對詹姆士．普羅塞克的畫作和文字都非常喜歡，撰寫此書時，我們也開始往返電子郵件。以下是普羅塞克信中描述自己興趣的文字：

我對思想桎梏或框架式思考這類議題不肯罷休的態度，始於從小對自然世界之美與多樣性的熱愛。生物分類是讓我關注這個主題的原因之一，人類為了什麼原因要對於生命型態進行分類和命名，其方法又是如何？為大自然命名的過程，免不了讓原本無法分割的演化連續性因此變得支離破碎……我覺得在這方面我們有相同的想法，那就是認為人類應該用更不受類別限制的想法來思考，想要做到這個程度，就要抗拒想將大自然簡化和分門別類的衝動……這套方法也許過去曾經管用。然而，要抗拒這股衝動其實並不容易。

全光譜思考力與辨認「模式」有關，這是一種非線性的過程，讓我們跳脫類別以及慣用的線性化思考模式。

每當想類別化的時候要有所警惕，不要想都不想就歸類。

全光譜思考力自然還是免不了會與「一般系統理論」（general systems theory）有關，也離不開一些著作，像是葛雷哥里．貝特森（Gregory Bateson）的《心智生態步驟》（*Steps to an Ecology of Mind*，一九七二）以及《心智與大自然》（*Mind and Nature*，一九七九）等。在大自然的你我，面對的是一個非二元性的過程，從中我們所形塑的思想是超越類別的，甚至也超越思維本身。最好的科學家也會使用類別，但是他們也學會不要被類別所蒙蔽。

歷史學家查爾斯．金恩（Charles King）曾大聲疾呼並撰文提醒，死板的類別讓我們對於族裔、性別、階級的想法都長期受到影響，還好，哥倫比亞大學教授法蘭茲．鮑亞士（Franz Boas）和他指導的學生，創造了一個新的學科，稱為文化人類學。金恩這麼寫道：

才不過一百多年前，只要受過教育的人都以為，世界依照大家都知道的明確方式在運作：人類雖是個體，但每個人都代表一個特殊的種類，這些種類都專屬於特定族裔、民族、性別特徵，也因此特定種類民族的智商、勤奮、守法、好戰程度，必然會有高下之分……他們也認為，移民會稀釋一個國家原本的活力，也會衍生出政治的極端主義……還有，罪犯天生就是會犯罪，或可教化之……你所屬的類別是那麼的一望即知，所以不容你分說，要由專人編派，此人就是戶口普查員——多半是白人——來編派……二十世紀最早的簡明版牛津英文辭典出版於一九一一年，當中其實並沒有收錄種族主義、殖民主義、同性戀等詞。

但是，鮑亞士所率領這個社會科學家團隊，卻不作如是想，他們反抗當時的主流思潮，反對那些危險的分類思維，在種族、性別和階級看法上獨排眾議。他們所創造的新學術領域，讓我們的思想習慣轉為有著更寬廣的譜域。

## ◆ 現代醫學界如何定義自閉症

現在醫學界已經不再給人直接貼標籤，稱人家是「患有自閉症」或是「有自閉症的」了，現在醫界的思維模式是「自閉症類群障礙」（autism spectrum disorders 或 autism spectrum conditions，或譯為自閉症譜系疾病），全光譜思考力能更正確的表現出這股思潮。雖說某人是屬於什麼「類群」（或在譜系裡）還是一種類別化的作法，但至少，這裡面包括了很多不同的差異，有些徵兆較難被診斷出來，有些則比較難治療。

我在矽谷上班，這裡的文化認為在類群中的人兼具才能和「設計缺陷」（a bug）。在類群中，意味著其學習方式不同於神經典型（neurotypical）*，可是在某些領域可能超越神經典型。

不過，諷刺的是，在自閉症類群裡的人，其思維通常都會相當執著於類別。在我看來，他們對於事情的角度、來龍去脈以及關係的理解上，都不是那麼在意，但他們通常都對細節和準確性極度在意，有時候相當有專注力，但缺乏放鬆的能力。他們有時會不知道在某些社會情境下該如何適當應對，如果專注在特定的一件事上，他們擁有高的清晰度，但結論常過度確定，這對他們處理細節的能力很有助益，但也因為其焦點狹隘，讓他們受到限制，不同於一般人。

在未來學院，我見過有人在會談或履歷上標示「屬於自閉症類群」，以此證明他們擁有不同於其他人的思考能力。在未來學院，我們重視這方面的能力，但我們找的，是具備全光譜思考力的人。有些人接受自己屬於自閉症類群，因為這讓他們可以理解自己的認同，也比較好向他人解釋，但他們應該找適合他們那種專注力的工作。

專為企業打造軟體的思愛普（SAP）公司，現在設有自閉症上班（Autism at Work）計畫，裡面包括「協助助自閉症類群的成人於資訊科技產業發展，將過去被忽視的人才帶進企業，以促進創新研發」。加州大學洛杉磯分校和史丹佛大學則為有社交困難的年輕人開立「同儕」診所（PEERS，全名為「人際技巧教育與改善計畫」，the Program for Education and Enrichment of Relational Skills），以循序漸進的訓練方式，提供社交技巧訓練與協助，這項計畫提供經研究實證的訓練方法幫助自閉症類群的青少年和青年。在澤維爾大學也有類似的計畫，名為「X 道路計畫」（X-Path Program）。

二〇一八年秋季，肯特州立大學第一次頒發全額籃球獎學金給在美國一級男子籃球錦標賽打球、自閉症類群的籃球員，這位卡林．班奈特（Kalin Bennett）其實有多所大學都願

---

*譯註：即非自閉症類群中的一般人。

意提供他籃球獎學金，但他選擇肯特州大，因為該校擁有可以照顧自閉症類群內學生的資源。他說自己的目標是：「我不想只是在籃球場上發光發熱，我也想要幫助跟我一樣的小朋友……我想讓他們知道，我做得到，你們也一樣做得到。同樣情形的小朋友常會覺得孤單，沒有跟他們一樣的人，我小時候也有這種感覺。」

肯特州大的「自閉症研究、教育、延伸創新計畫」（Autism Initiative for Research, Education and Outreach）助理主任吉娜．康帕娜（Gina Campana）說：「他真是位不同凡響的人，這個年輕人散發著光芒，肯特州大能夠招攬到他是我們的榮幸。」

小時候，醫生斷定班奈特的自閉症可能讓他終生無法和他人互動，但是，接受治療後，他克服這個障礙。班奈特的媽媽桑妮雅（Sonja）接受克里夫蘭網（Cleveland.com）採訪時說：「我給他看自己的病歷，這樣他就知道自己有什麼症狀，了解自己終生都必須要面對這個問題，要奮鬥不懈才行。」班奈特十八歲時，回去找當初斷言他終生無法與人互動的那位治療師，讓他知道他的診斷是錯的，班奈特媽媽描述：「（班奈特）看完診斷後，見到治療師，問：『你就是那位說我沒辦法這樣、沒辦法那樣的人嗎？』治療師回答：『是的，卡林，就是我。』我兒子說：『我想告訴你，我希望你沒跟別人這樣說過，因為你可能因此毀了他們的一生。』」

我相信未來對於自閉症類群，會從以互動態度和方式認為這是一種疾病，轉為這只是學習方式不同的一群人；從原本認為是缺陷，變成是特長；從一味仰賴藥物治療，被電玩體驗式治療所取代。當然，也不是人人能有此待遇，還是有些屬於自閉症類群的人會深受社會類別思想的限制，無法跳脫類別的框架，找到他們最擅長、適合的領域。

五年前，我在矽谷認識遊戲設計師拉特．魏爾（Lat Ware），他把自己五歲時被診斷出過動症（ADHD）的辛酸故事跟我分享，他也提到，醫師給他開了藥方，卻讓他因此偶爾很不舒服，還有自殺傾向。意想不到的是，他後來竟然設計出一款電玩，可以改善自己的過動症症狀。這款電玩叫做「動腦丟卡車」（Throw Trucks with Your Mind），它使用低成本的頭戴式裝置，可以偵測到大腦的活動，將之轉譯到電玩遊戲中，讓玩家只要動腦、用想的，就可以產生類似遙控的超能力來玩遊戲。這款電玩會偵測玩家大腦的β波起伏，將之轉譯為對應的搖控動力，所以玩遊戲時，你會覺得好像自己真的用念力來丟卡車一樣。我相信，未來，醫生也會一樣、指定有腦部症狀的患者去玩某款電玩，以做為治療的方式，像是有睡眠障礙、憂鬱症、成癮以及腦震盪患者，都有可能被指派去打電動當作治療。拉特．魏爾創辦「奇形怪樹工作室」（Crooked Tree Studios），率先結合傳統神經回饋治療設計出競賽型電玩，藉此幫助各種不同年齡層的患者，他們是這方面的領頭羊。

在健康醫療方面，標籤化的現象特別危險。二〇一八年，我在綜合健康與醫學學院（Academy of Integrative Health & Medicine, AIHM）演講，在我之後上台演講的是史考特・夏南（Scott Shannon）醫師，他撰寫的書名特別能夠闡明這點：《別給我的孩子貼標籤：為了孩子的情緒健康，斷開醫師—診斷—藥物的循環，並發現安全、有效的治療》（*Please Don't Label My Child: Break the Doctor-Diagnosis-Drug Cycle and Discover Safe, Effective Choices for Your Child's Emotional Health*）。醫師受限於為每位病患看診的時間有限，通常只能很快下判斷，但這卻會讓患者被貼上毀滅性的標籤。有些人的確會希望有一個標籤，好建立起他們的身分認同，但也有更多人並不希望被別人貼上標籤。如果你不確定這個人討不討厭標籤，那就先不要幫他貼標籤，看他的反應再說。但是話說回來，保險公司一定會要醫生為客戶的身體狀況按進特定類別，以備將來可以理賠。

但是，現在衛生保健也逐漸不再採用類別，慢慢發展成較全面性的全光譜思維。例如，醫學系學生以前都會依入學先後分年級（像是一年級、二年級、實習等），但是，專業能力評量則發現，其實學生的專業程度和入學年分無關。電腦在分類方面做得比人類還要好，不過，人類比較擅於掌握關係和模式，人類在掌握目標和相關聯的事物上，遠比電腦來得出色許多。

「住院病患」和「門診病患」是醫學上相對更明顯對比的兩種類別，但即使這麼對立的分類現在也逐漸被連續的照護方式所取代。照護提供者過去多專注於一些像是「手術前」的工作，現在也變成依病人需要、符合照護提供者職能而組成譜系的、連續性的工作、角色和功能。過去照護提供者往往因襲過往的分類工作，現在則會依病患需求，而清楚看見譜系上的照護需要。這樣的改變讓我們清楚了解到：要小心劃分類別，可以的話，儘量考慮到全光譜的選項。

## ◆政治上的粗淺分類

幾年前我在伊士坦堡舉行的麥肯錫（McKinsey）主管會議上演講，當時剛好律師蔡美兒（Amy Chua）也前去演講，我們因此認識。蔡美兒是耶魯大學法律系的教授，也是《虎媽的戰歌》（*Battle Humn of the Tiger Mother*）一書的作者，同時也研究政治部落。她的新書《政治部落：族群直覺與國家命運》（*Political Tribes: Group Instinct and the Fate of Nations*）深究了部落式的簡化分類本身所帶來的危險：

人類的族群一旦感受到威脅，就會退縮回到部落主義。他們會向彼此靠攏，變得非常封閉排外，更具防禦性、更加重刑好罰、更分你我對立。在今日的美國，任何族群或多或少都有這種傾向。

美國做為一個國家的整體認同正受到這些政治部落威脅，因為這些部落完全不想同心合作。在該書發行後，大衛．佛朗（David Frum）就評論：「社會分裂的惡化，要加以解釋或是加以矯正，難度都比加以利用來得高很多。」對立的想法更容易造成部落戰事，不容易形成諒解和共識。部落的形成本身並不是壞事，在世界某些地區，尤其是在非洲地區，部落是社會整體架構的一部分，對社會有著非常正面而具建設性的幫助，但我在這裡說的是非常死板的部落主義，就像蔡美兒在書中所描述美國爆發的情形，在這樣一個只會用部落思維來想事情的世界，人們，尤其是正要成年的小朋友，很自然的就會問：那我屬於哪一個部落？

面對這種不假思索的貼標籤行為以及對立的部落思維，解決的良藥就是在科技輔助下的全光譜思考力。全光譜思考力讓人們可以不致於在遇到全新經驗或外表不一的人時，做出不假思索或是有狹隘的刻板化想法。我們常常對自己的分類很有信心，認為那是最到位的分類，但頂多是差不多罷了。全光譜思考力讓我們能在異中求同。

雖然很多人都認為，美國人的政治觀點南轅北轍，極度對立，但有人卻主張，其實美國人沒有對立，或許美國人已經逐漸變成具有全光譜思考力，即使在大眾媒體的誤導下，大家誤以為彼此的想法極為對立，所以才會一直看他們製作的那些討好極端對立族群的節目。近來有個名為《美國的隱藏部落》（*Hidden Tribes of America*）的問卷調查，針對一群在統計上具有代表性的美國人抽樣，該研究針對抽樣族群進行一對一的訪談，也讓他們填寫問卷，該研究的共同作者想問的是：美國大眾的意見究竟有多分歧？我們真的如今日媒體所灌輸的我們那樣分歧對立嗎？美國人真的無法找到共識嗎？

該研究的結論是，其實多數美國人基本上都抱持相同想法，對很多事也都有共識存在，一些被形容是極度對立的議題——像是移民、為「童年入境暫緩遣返*」的學生另闢蹊徑以獲取公民資格，或是濫用「政治正確」一詞等——其實大家的看法並沒有那麼不同。該研究認為，超過七成五都認為美國人在政治上的看法，並沒有大到大家無法凝聚共識、取得解決之道的程度。研究寫道：「美國並非只有兩個部落。」美國人的歧見並沒有大到大家不能再次同心齊力、團結一致。

或許，美國人彼此之間的差異，也只是像譜系一樣，而不是像主流媒體形容的那樣分化。當然，要是多數美國人都還是以為彼此對立嚴重，即使是該研究證明並非如此，那也起不了什麼作用。要是大家都覺得彼此南轅北轍，這樣的想法可能比有數據支持的科學研究影響更大。但或許部分的問題在於，對於大家非常堅持的分類式想法，我們都沒有適當的話語來讓大家充分理解彼此，以跨越那道對立的鴻溝。

運用全光譜思考力就能讓大家了解，其實我們彼此真的沒有這麼對立。即使有對立，可能是我們對於部落主義的看法遠比真實的情況來得有影響力。

在我撰寫此書時，幾個孫子剛好來訪。為了唸書給他們聽，我重讀自己最喜歡的貝安斯坦熊（Berenstain Bears）的兒童故事，我自己幾個孩子小的時候，我也同樣唸這套故事書給他們聽。貝安斯坦熊童書的智慧，在熊媽媽要改掉熊妹妹咬指甲的壞習慣這段故事中可見一斑。

熊媽媽一邊推手推車一邊說：「習慣啊，就是你連想也不用想，常做的事情。習慣是生活中重要的一部分，我們大部分的習慣都是好習慣，像是起床刷牙、梳頭髮、過馬路時要停看聽之類的。但是有些習慣卻是壞習慣……壞習慣就像是這條小路，因為我常在上頭推手推車，所以路都被車子壓出輪子印了，這痕跡每隨著我推過一次，就加深一分，結果，現在只要車輪陷進去，不使點勁，車子都脫不了身。壞習慣也是一樣，你越去做，你就越難脫身。」

死板的類別化思想就是壞習慣，應該要改掉。本章中，我們談到過去的動植物分類法，也談到像是自閉症的疾病診斷，以及當前美國政治部落對立現象等缺點。從前的人處理事情

* 譯註：亦譯「追夢人」計畫，DACA。

靠分門別類還撐得住，但是，他們也受到分類的限制和束縛。分類這事不可能完全被棄絕，但我們應該儘量越來越少去使用，而且使用時要戒慎恐懼。

感到害怕時，分門別類可以安撫我們的情緒，像是凌晨三點半夢半醒時突然感到害怕，此時一些讓人心安的類別就很有用。然而，再提醒一次，類別化、概括化、貼標籤是很危險的事，未來我們沒辦法像過去一樣繼續分類了，所幸，未來式思考可以幫助我們跳脫過去和現在的框架。

# 第三章 跳脫過去的框架

## 如何運用未來思維

以下是我做過最讓人震驚的未來十年預測，但也是我做過最樂觀的預測——過去十年來，我一再把這個訊息告訴大家：未來世界的混雜程度，將會窮盡許多人的能力都無法面對。

混雜的未來世界將獎勵具有清晰度（所謂清晰度是目標明確、但達成的方式則極具彈性），懲罰確定性。在混雜的未來，很少確定性是真的，多數都是假的。隨著混雜的情形提高，全光譜思考力的價值也會升高。可惜，從事錯誤和簡單化分類的誘惑也會隨之增加。

九一一攻擊事件之後，我常用「VUCA」——多變（volatile）、渾沌（uncertain）、複雜（complex）、曖昧（ambiguous）——做為形容未來世界的統稱。在美國陸軍軍事學院（Army War College）的經驗讓我發想出正向的VUCA：多變被遠見所取代、渾沌被理解所取代、複雜被清晰度所取代、曖昧被靈活所取代。不論是負面的或是正向的VUCA，都會成為未來生活的基本狀態。對很多過去和我共事過的同事而言，只要提到VUCA就能打開話題，讓我討論未來的種種可能性。

本書中，混雜和VUCA是可以互換的同義詞，這是我對未來勾勒的脈絡和預測。不管你想怎麼描述未來，未來都遠比我們所描述的任何類別，要來得更加複雜多樣，所以我們才需要全光譜思考力。

混雜的未來肯定會成為一個VUCA的世界，但美國陸軍則比其他人對此更有準備。我也發現，說「VUCA」可能會讓人聽得一頭霧水、不明就理，「混雜」一詞則簡單明瞭的多，也更容易一聽就懂，不必再花時間解釋VUCA是哪幾個字的縮寫，還要解釋一個大家都沒聽過的字。

未來學家彼得．許瓦茲（Peter Schwartz）一九九一年時曾建議，每個人都應該開發「遠見的藝術」，他形容得非常簡潔，要是把眼光放遠，就會發現各種可能漸層散布著。如果從現在一小步一小步的朝未來走，其功效並不如大步躍進。邁向未來，再回頭看看現在，因為現在的雜音太多了，所以很難聽清楚未來的訊息，容易陷在過去分類的想法之中而忽略了未來。

哲學家齊克果（Søren Kirkegaard）也曾說：

回頭方能參透；人生卻只能向前。

我在克羅澤神學院（Colgate Rochester Crozer Divinity School）時第一次讀到齊克果的著作，此後就深受他的思想所吸引。菁英策略顧問公司創見［Innosight，由克雷頓．克里斯汀森和馬克強森（Clayton Christensen, Mark Johnson）共同創辦］就在公司網頁上放了齊克果的這句話，他們藉此強調，該公司希望能夠克服人生和生活中這個兩難的問題，創造從未來往後看的遠見。創見顧問公司並在網頁上進一步以規劃旅行為喻，假設，你打算從舊金山前往倫敦，你的計畫應該是根據目的地來規劃，而不是根據你的出發點，這樣才能發揮作用，但很多機構組織卻是從出發點規劃未來，他們都是依過往經驗歸納和累積知識。

打從一九七〇年代起，我的生活就以未來十年為目標在運行，意即從十年後往現在倒推，藉此可以知道現在該做何選擇。我不是研究當今世局的專家，但是我慢慢的變得很能預測現在到未來趨勢的走向。

我一開始踏進未來學領域時，主要專注於事件預測上。現在會做「預測」這種事的其實是沒什麼經驗學養的業餘人士，未來學的領域更重視的是參透趨勢，所以要虛懷若谷，但也要主動積極。不過，大家想要的都是創造未來，而不是聽他人講未來會是什麼樣，話說回來，在未來這十年，要創造未來卻不是輕易的事。

## ◆從前瞻到洞察到行動

在未來學院，我們採用前瞻—洞見—行動的模型來確保大家行進方向正確。最早，我是在二〇〇七年的著作《捷足先登：前瞻未來以決戰現在》（*Get There Early: Sensing the Future to Compete in the Present*）中，提出我的未來模型，這個模型現在我們幾乎每一個計畫案都會使用，以做為未來思維的核心架構。圖 3.1 是最近更新過的模型。

該模型可以用來產生對於過去、現在和未來的全光譜思考力。可以將這個模型看成是機械中的飛輪，藉由它的旋轉就能看到各種可能性。

一開始，這個模型的運作方式會先小心的提出預測。注意，未來思維的目的並不是要預言未來，未來是難以預言的，要知道一個未來學家是否高竿，並不是去驗證他的預測是否應驗，你要驗證算命師才這樣做。未來學家的能力高下，是要看他所預測的未來是否能夠讓大家進而深思並採取行動。好的預測，應該會讓大家想出更好的策略，並且採取的行動不會漫無目的，所以預測的目不在預言未來，而是要啟發大家去思考、行動。

...未來誰都無法預測...
後見之明
自己對於過去、現在和未來的故事
不斷的前瞻遠見
來自未來的故事：可能、內在具一致性、能激勵人——具備能夠使之成真的徵兆
前瞻遠見
行動
領導人
洞見
你的行動
靈活前進的方式，以清晰明朗且理想化的方式表達出來
你的洞見
靈光乍現創造新故事與大腦的新連結模式

**圖 3.1 未來學院的前瞻—洞見—行動模型**

有時候，使用「預測」這個字反而會害事，對某些人而言，預測就等於是預言。例如：銷售預測，通常就是在預言某段時間內銷量的量化。我們在西歐地區進行客製化預測時，常會遇到不同語言的翻譯，所以我們會把預測改成展望。對我而言，預測是一種可能，與未來的事件有一致性，能夠讓人藉此深思並採取行動，一旦我們做出基本預測，通常我們會以此為基礎，增添更多可能方案。大家可以自己選一個字代替「預測」，只要能夠在特定職場中幫你傳達得更好就好。

往往，最佳預測都是最不中聽的那個。我在未來學院的同事賈麥．卡西歐（Jamais Cascio）就說，最佳預測都是沒說中但有助益的那一類，這類預測之所以成功，就是因為它不會成真，或者是點出那些先前沒被注意到的地方。

全光譜思考力存在於後見之明和前瞻遠見之間。它增強我們的想像能力，讓我們可以想像出一系列不同的未來可能性。

「未來已經到了，只是並非平均散布於各處。」這是小說家威廉．吉布森（William Gibson）所說的話。在未來學院，我們稱這樣不平均散布的未來是改變的徵兆，這樣的徵兆會讓前瞻得以實現，迫切且具衝擊性的徵兆尤其有力，因為這類徵兆會改變我們思考的方式，見證過最強烈的徵兆後，我們就再也無法回復到以前的思考模式了。徵兆會讓前瞻得以實現，在本書中我會經常介紹各種徵兆。

不管我們願不願意，一開始前瞻遠見都是以後見之明的型態出現，人類的大腦本身具有腦神經科學家所稱的「個人神經故事網」，這個網絡會為我們分析當前事物，再據以推測未來。可惜的是，很多領導人物的神經故事網都太保守固執，總是充滿「這我們以前試過了，不管用」這類的武斷臆測，讓人很難說服他們改變主意。

前瞻遠見會夾帶預測未來可能性的新故事，以此試圖闖進你的個人神經故事網中，藉此提供能看到未來可能性、有衝擊性和內在一致性的種種預測，這裡面就會藏著最佳的預測。最佳預測都很有衝擊性，不會讓人覺得意興闌珊，所以這樣的預測會讓你覺得似曾相識，不難理解但卻不會陳腔濫調、一成不變。

前瞻遠見也應該正視後見之明有其重要性。未來學院針對未來十年做預測時，通常會至少回顧過去五十年，而且根據過往經驗，在為企業做預測時，回顧過去六十年則會比較適合。回顧過去的時間長度，一定要比遠眺未來的時間長。有一次，未來學院在為自然草藥保健做預測時，甚至回顧遠達兩百年之久，因為自然療法本身歷史悠長，必須考慮到這一點。

未來學院的執行總監瑪莉娜．戈碧思（Marina Gorbis）鼓勵大家要拓展自己的時間頻寬，為了能夠了解更長遠歷史演變的模式，既要往後回顧也要向前遠眺。可惜的是，現下美國的主流教育很早就把重心擺在職能相關的技能教育上，研究歷史成了菁英大學或是特別有興趣的人才會觸及的領域。除此之外，還有另一種不平等也正在出現，艾瑞克．奥特曼（Eric Alterman）指出：

> 不平等會影響人的生理和心理健康，也影響我們與他人交際的能力、為自己發聲抱不平的能力、以及追究政治體系責任的能力，當然，也影響了我們所能提供給孩子未來的能力。近來，我注意到經濟不平等有一個特質，尚未引起該有的注意，我稱之為「智能不平等」。
>
> 我指的不是一般常識說的、人智商有高有低這事，而是少數人擁有可以了解社會的資源，但大部分人卻沒有這樣的資源。

遠眺未來能增加你的競爭優勢，但卻不見得能馬上收到成效。我近來參與以中國為主要對象的軍事預測演習，從演習當中的對話所聽到的訊息，我發現中國人民解放軍想得很前面，或許已經想到兩百年後的事。據我理解，並不是說他們已經能夠預測或規劃到那麼久以後的事，而是他們將之視為目標去努力，並做了一些對未來的假設性規畫，再據此往回推，以探知若要到達那樣的未來，現在開始要如何準備。我相信中國一定會因此擁有競爭優勢。

將中國的遠見和美國政府相較，後者幾乎很少想到長遠未來。美國陸軍只會規劃未來十到二十年的發展，美國的衛生單位和健保單位肯定有長遠計畫在進行中，長度大約類似或更遠一點。從一九七二年到一九九五年，美國國會要求科技評估辦公室（Office of Technology Assessment）針對全球未來進行客觀分析，並且提出權威性報告，提供國會成員和各委員參考。普林斯頓大學目前依然負責維護科技評估辦公室的舊網頁，但是對於國會未來評估報告則沒有持續更新。很可惜，在當前政治兩極化的世界裡，多數當選的官員都對長遠未來沒有太多興趣，他們通常都很武斷，但卻很少人看得清楚。

## ◆現在、未來、下一步

多數和我們合作的公司都有其策略方向，大致可分為現在、下一步、未來，或者是展望

一、展望二、展望三。大部分的力氣都會放在現在，也就是展望一，這也無可厚非。下一步，也就是展望二則緊接在後，會得到一點點關注，通常就再往未來幾年規劃。未來或是展望三，通常是把有意思的新點子和可能性全堆在一起的統稱。一般而言，不會有人管到未來這個階段，也不太會贏得關注，對很多公司而言，未來也只代表往後幾年，很少是十年或是十年以上的，但如果公司想要在未來的混雜世界中有所發展的話，就要改變這個作風。

在我二〇一七年的著作《未來領袖能力養成：決勝極度混亂未來平穩布局》（*The New Leadership Literacies: Thriving in a Futrue of Extreme Disruption and Distributed Everything*）中，我點出新世代領袖所應具備的訓練和練習，應該是能夠從未來往後看，且能夠在當下採取行動。馬克．強生（Mark Johnson）的創見公司則稱這種能力是「未來—回顧遠見」（future-back visioning）或是「未來—回顧策略」（future-back strategy）。「現在—前瞻策略」（present-forward strategy）的作法，在當前訊息太過吵雜的世界不僅難以辨到，而且也充滿危險。

例如，十年後數位感應器無處不在，屆時價錢會壓得很低，許多的感應器都會連結上網，其中有些可能會裝置在我們體內，或是穿戴在身上。但現在還無法確定那時候的感應器會以何種方式散播，而散播過程中哪些人會獲利。

從前瞻—洞見—行動模型中學習，只要在動作的順序上作一點小小的變動，就能產生具有影響力的巨大改變。若是不依順序從前瞻開始、到洞見、再到行動，反過來從行動開始，直接跳過洞見就到前瞻，必會再回到洞見尋求策略和創新。許多和我們合作的公司，已經採用現在、下一步、未來的架構，可是當面臨高度不確定的未來，也就是「混雜」時，就需要使用策略性的前瞻來進行以下的思考：

1. 現在　　2. 未來　　3. 下一步

展望1　　展望3　　展望2

將自己大多數的時間花在現在、行動上，並沒有不恰當，因為這是業務所在，所以應當專注在這上面。逐步的創新很好，只要能夠一直產出成果就沒問題，但要是投資在未來，而不只是下一步，就能讓你看得更清晰，清晰度會在動見和行動之間出現。目標要明確，但如何到達目標則要保持彈性。

二〇〇八年，陶氏化學公司（Dow Chemical）參與未來學院的全球環境管理提案（Global Environmental Management Initiative, GEMI），他們想出一套客製化的預測，專注於可能會在企業永續概念造成巨大變革的未來力量。該預測中一項主要的發現就是當今企業界對於前瞻要夠遠的需求有增加的趨勢。陶氏化學的馬克．魏克（Mark Weick）指出，因為這項二〇〇八年的預測，讓他的公司獲得激勵，決定要對更遠的未來做預測：

二〇〇九年陶氏化學發現，當他們遠眺二〇九七年，開創「陶氏二〇〇週年遠見」（Dow@200 Vision）後，了解到此事確有其重要性，因為二〇九七這年對陶氏化學具有代表性的意義，陶氏化學創於一八九七年，到了二〇九七年，陶氏化學就滿兩百年。前瞻到那麼遠的未來有兩個重要性。首先，不論我們能找到多少人才、花費多大努力，來維持公司現有生產設備繼續運作，遠望二〇九七年，意味著當前所有現存的生產廠房、所有的工序、所有的企業模型，在那之前都有必要重新設計，重塑生產價值。為了要讓公司在這之前的數十年間，成為永續社會中、擁有永續企業模型的公司，我們應該做哪些決策？

其次，我們要預想，到時候，連現在最年輕的員工都已經不在人世。因為是在那麼久遠的將來，迫使我們要想到的是好幾代人以後的事，設想自己要給他們留下什麼樣的遺產。我們花了幾個月去構思那麼久遠的未來，然後再跳回到較短的未來五到二十年內，以此勾勒接下來我們的計畫。最後，成就在二〇一五年四月拋出的陶氏化學「二〇二五年永續目標」。

陶氏化學了解，類似新廠房這類的投資通常只有三十到四十年的壽命，所以他們將主要計畫中的「第三階段展望」改為前瞻一百年後。因為和未來學院合作，讓他們得到靈感想到一百年後的事，進一步要求自己以一百年為周期達成長遠的創見。

雖然做十年預測要比一、兩年的預測簡單，但，想獲得最好的預測，就要遠眺到比十年更遠的將來。未來並不會總是一點一點累加，未來往往是斷裂式的，趨勢還可以靠著觀察變化的模式做有把握的預測，但是斷裂的未來卻總是打破變化的模式。因此，看得長遠，能讓你對於事情的走勢看得更清楚。

史提芬．強生（Steven Johnson）——這位科技界的預言家說，要插旗未來、捷足先登，用錄音工程來解釋比較好懂：

面對複雜決定時，有必要採取全光譜式分析。可以試著將把許多的人類經驗想像成是聲音頻譜，在調整錄音的等化器時，就是在放大某個特定聲響；不想低音太大聲，就要將最低的音頻調小些；或者想聽清楚人聲演唱的部分，就將中間音頻調大。唱片製作人在錄音室有非常精準的錄音工具，可以鎖定這個頻譜中特定的聲音斷面，藉此可以將一段混音中背景出現的一二〇赫茲電流雜音單獨刪掉，而且完全不會動到錄音的其他部分……我們針對未來所做的決策，就可以想像成這樣。

最有用的前瞻遠見刺激大腦開發新的思考模式，像是靈光乍現一樣。具有衝擊性的前瞻，會在你的神經故事網中爆發，迸射出新的故事，就算這個預測你不完全同意，也同樣會被它衝擊。

## ◆從未來思維到全光譜思考力

圖 3.2 是我將前瞻——洞見——行動模型運用到全光譜思考力的方式。

聽到有人對未來做出預測，總是會讓人想要反駁質疑，你當然大可以加以質疑，因為未來本來就是難以預測。使用前瞻的方法，是接受預測本身具有解釋得通、內在一致、具衝擊性等特質，接著則要接受前瞻的刺激，要是你認為預測不夠清晰，就要另外提出不同的預測或方案。

在未來學院完成一項預測後，我們會對用另一種完全相反的預測來挑戰原先的預測，有一位我個人很喜歡的企業客戶也會要求我們這樣做。可惜，多數客戶和未來學家在做完預測或執行該預測前，並不會做這樣的相反預測。

...未來誰都無法預測...
對於類別的後見之明
挑戰自己、他人、組織和社會等未經檢視的假設
全光譜前瞻
想像各種層次可能有的新契機
前瞻遠見
行動
全光譜思考力
洞見
全光譜行動
創造靈活的前進方式，努力獲得靈光乍現，以創造超越過去的類別
全光譜洞見
可能性的新譜域會在大腦中創造新的連結模式

**圖 3.2 全光譜思考力做為後見之明、前瞻、洞見和行動的結合**

評估一項預測過程中最重要的一步，就是看能否衝擊你在當下做出更好的決定。策略存在於洞見和行動之間。哥倫比大學商學院（Columbia Business School）的威利．皮特森（Willie Pietersen）教授就諄諄教導學生說，每一項好的策略，都是由讓你產生衝動的洞見所下的。而前瞻就是能讓你產生洞見的好方法，就算你不認同該預測也沒關係。

我的同業傑瑞米．柯許鮑姆（Jeremy Kirshbaum）教我激發前瞻的行動的重要性。傑瑞米的工作與非洲、中國的新創有關，他稱這些地區是「高變數增值」*，因為這兩個地區的變化速度非常之快。他的意思是，在這些快速變化的區域，行動會激發對於未來的新洞見，而不單單只是激發對於當前工作的洞見。他的觀察和矽谷一句名言非常相符——失敗要趁早、失敗要經常、失敗要便宜。傑瑞米這番觀察點出未來快速的雛形規畫，不只可以讓企業決勝當下，也可以獲得前瞻未來的新能力。

擁有遠眺未來的視野，能讓你在面臨選擇時看得更清楚。決定下一步要怎麼做時，有時候會遇到太多雜音的情形，而且也會有現在的訊息干擾。多數人和多數的組織都應該將最多的時間花在行動上，但一邊也要不斷注意前瞻和洞見。

二〇一八年夏季，未來學院接受南新罕布夏大學（Southern New Hampshire University,

SNHU）的委託，為他們客製十年的預測。在該校董事會前來矽谷與我們相處的一天前，我從沒聽過這間大學。他們的故事道出將來全光譜思考力會成為主流的原因，而且該校以創新方式提供全球學生經濟負擔之內的教育模式，將會有其成效回收。我現在深信，南罕布夏大學就是未來的徵兆。

在南新罕布夏大學拜訪未來學院的十多年前，該校位於美國新罕布夏州曼徹斯特市，擁有三千名學生，是小型文科大學，當時該校的存廢危在旦夕，這情形也存在許多美國大專院校之間。然而，該校靠著一連串大膽的改革，成功轉型為全球性線上和在校學習機構。他們前來找我們合作時，該校正面臨轉型階段，所以請我們以二〇三〇年為目標，預測十年後的大學生會是什麼樣子。

這份專為他們量身打造的預測讓我們知道，將來一定不能再採取狹隘的類別思考。由我的同事卡第·維恩（Kathi Vian）所率領的未來學院研究團隊，看到未來世界的幾股外力，

＊譯註：high delta，或譯德爾它值，選擇權計算名詞。

有可能會破壞該校二〇三〇年的學生情形。有一股未來的力量會形成一種改變的模式，改革過去做事的方式，推動改變未來的力量，可能是因為科技的創新、政策的制定、市場的變化、文化的改變等。這樣的改變模式逼使我們不能只滿足於最適合現在的作法，而要創造能提早切入未來走勢的新途徑。大學或研究所學歷的價值屆時會被質疑，大家會懷疑還值得花時間和金錢去追求學歷嗎？究竟能獲得什麼樣的回報？何況，現在那種讓學生和家長揹負沉重壓力的學貸，終究並不是讓校方可以永續經營的做法。

## ◆與未來三股外界力量纏鬥

根據我們為二〇三〇年該校學生趨勢所做的預測，會有三股外界力量碰撞在一起，從而創生出未來，這個未來會要求並獎勵全光譜思考力，也會懲罰使用類別式思考。未來世界的學習資源將會多樣化。

所謂未來的力量，指的是存在於外部、大到你難以想像的改變浪潮，更遑論去對抗它。但靠著強韌的未來思考，你至少可以決定是否要順應時勢、搭上這波改變的浪潮，至少不會受到傷害。未來的力量是一種預測，是一種我們相信它真的會發生的觀點，可信的、一致的且對我們的預測具有衝擊力。這樣的預測用意是要催生洞見和行動，而不是真的要預測未來會發生什麼事。基礎預測最好要能設計其他可能性，即使是在高度充滿不確定的年代，通常至少還是可以針對改變的方向去做預測。

我相信未來十年間，有三股外界力量會變得迫切，而且面對這三股力量都需要全光譜思考力，這三股力量都源自過去，在現在變得很關鍵，在未來則會高度惡化。這些未來的力量，將成為日益緊張的競爭來源，會在未來十年混雜在一起，到時候會特別需要用未來思維來面對，尤其需要全光譜思考力。

這些未來外力無法靠套用過去的框架去消弭，而且，這些外力之所以會加劇，就是因為過去想靠套用框架去消弭所導致。這些未來的外力深植於過去的趨勢，但也會闖入未來的變化模式中。

## ◆ 貧富差距會以複雜且實質的方式危及全球

雖然世界的連結變得更緊密，但是人跟人之間也會變得越來越分裂、對立——這是因為越來越嚴重的貧富差距所致。非常貧窮的那群人，尤其是失去希望又貧窮的年輕人，會透過數位化科技，像高解析度般的看到富人的生活，過去所謂的「數位隔閡」會變得更為複雜。富人會持續享有更好的連線方式及數位工具，但全球的窮人之間也會有更好的連結。關於貧富差距，哪部分會獲得改善並不易預測，但哪部分會惡化則較易預測。

專欄作家湯馬斯．佛里曼（Thomas L. Friedman）在二〇一九年夏季發表一篇專欄文章，名為〈問題不是分成左派或右派就能解決：過去的二元選擇不管用了〉（*The Answers to Our Problems Aren't as Simple as Left or Right: The Old Binary Choices no Longer Work*），專欄中他引用瑪汀娜．戈碧思的話寫道：「答案不在於是否該選擇社會主義或是放棄市場模式，而是要如何建立一個蓬勃發展的國家，懂得運用稅金和法規來重塑市場，讓資源可以重新分配，把餅做大，創造更多的公共資源，像是大眾運輸、學校、公園、獎學金、圖書館、基礎科學研究，以便更多的個人、新創企業、族群可以獲得賴以茁壯、成長和適應的工具。」佛里曼在這份分析的最後寫道：「真正的解決之道需要左右並用，用左派的扳手、右派的榔頭，用超越我們過去想像的各式工具和組合。」

佛里曼足跡踏遍全球，在旅程中，他發現儘管全球性和全國性言論都存在著兩極對立的情況，但真的到各地走走，卻可以在各族群間看見希望。專欄的最後他寫道：「請放下僵化死板的左右對立想法，這情形已經在地方族群間出現了，只是真的要讓它出現在整個國家，並不容易。」

瑪汀娜．戈碧思在二〇一九年七月二十四日寫給未來學院員工的電子郵件中，進一步寫道：「我們要和政府的權力抗衡，引導私人投資方向，使其轉往對社會福利有益的用途，以確保投資獲益可以更公平的均分給大眾。」這是以廣域譜系來思考的結果。

二〇一四年法國經濟學家托瑪．皮凱提（Thomas Piketty）出版一本傑作，名為《二十一世紀資本觀》（*Capital in the Twenty-first Century*），此書讓他立刻成為許多產業的名人，該書也引發眾人對於貧富差距問題的嚴肅討論。透過對歷史的分析，他證明貧富差距深植於歷史，也指出貧富差距加大的速度超過薪資調漲的速度。他也警告，光靠市場機制是不足以拉近貧富差距的，就當前全球政治氛圍的發展，政府政策也顯得力有未逮。

可以確定的是，貧富差距會變得越來越明顯，也會變得越來越容易衍生問題。當有錢人小孩炫富時，無異火上添油，但我們的下一代對於未來可能性的理解力會增加。這些小朋友，我稱之為「數位原生代」（digital natives），關於這個世代我將會在第六章深加討論，比起我們，他們更能適應未來的世界，也更有能力和權力，只要他們不要懷憂喪志，擁抱對未來的希望。

## ◆網路恐怖主義和詭譎多變的犯罪網路將對個人、組織和社會生活造成巨變

不對稱作戰（Asymmetric warfare）如今儼然成為現實世界中既定的事實，而且在未來還會變本加厲。會有部分不懷好意的小群體，透過數位網路串聯彼此，其勢力和影響力也會透過數位網路獲得擴大的效應。在網路上找出這些群體並阻止他們的惡行，到時候會成為網路資安的兩難。因為，一方面個人在網路上的隱私權需要獲得重視保護，但要保護他們不受到網路恐怖主義危害，則要犧牲隱私權，因此權宜得失的衝突就會加劇。新開發出來的數位工具會讓善良的人得利，但是也會讓不懷好意的人如虎添翼。而且，好人奉公守法，但壞人

不會。

尚恩．麥克菲特（Sean McFate）的著作《戰爭新秩序》（*The New Rules of War*）中，用「持續性失序」（durable disorder）一詞來形容不久後的將來：

二十一世紀會逐漸發展成持續紊亂的世界，苦無控制之道……如此持續升高的失序，會成為全球新現象，我稱之為「持續性失序」，持續性失序會讓問題得到控制，但是卻無法解決問題。這樣的狀況會成為新時代的常態……在這樣的資訊年代，戰爭不露痕跡、在暗地裡開打，政府表面不會承認開戰，還會編出一套合理說法，看不到真槍實彈，卻更有效。戰爭看不到開始也看不到結束，只有「無止盡的戰端」。

麥克菲特在這裡的用字「持續性失序」，和我用VUCA（多變、渾沌、複雜、曖昧）的世界或「混雜」是同樣的意思。

全球電腦智慧系統造成過去和未來世界的斷裂，像是超越人腦的處理速度和儲存容量，再加上追蹤實體世界感測器的全球性連結等，在在挑戰著學習者、受雇者以及機構組織的管理階層，讓他們不得不發展出更好的技能，以因應人與電腦合作的新模式。雖然人類會因為電腦而在某方面獲得擴增，電腦終究很難能完全取代個人。反之，就如麻省理工學院的湯瑪士．馬隆（Thomas W. Malone）教授所主張的，人類會生活在一個「超級心智」（superminds）的世界。美中不足的是，會有一些最強大的超級心智成為罪犯，這些人不會奉公守法，和守法的我們不一樣。

例如，芝加哥大學的歷史學家凱瑟琳．貝魯（Kathleen Belew）專門研究美國的白人力量運動，她的結論是「戰爭並不完全存在於由政府所控制的空間和時間裡，戰爭會在其他領域迴盪，在停戰之後還殘響許久。人們終將了解，這類殘響戰爭之血腥與難預料的程度。」就像美國的白人力量運動，傾力爭取白人強勢的類別，只為了保持白人優勢地位，不惜一戰，力求不讓白人被其他種族所取代。

未來十年，不對稱戰爭和犯罪活動將會變得比過去更具毀滅性、更難以控制。複合型的戰爭，尤其讓人惶惶不安，受雇殺人和犯罪的網絡，許多都不會讓你查得到，都將毫無節制的破壞。很多時候，其目的就只是要破壞。

## ◆全球氣候變遷所造成的災難，會比預期來得更快、更嚴重

有一部分未來已經像烏雲一樣籠罩在我們頭上了，只是我們不見得注意到。即使，我們可以看得更遠一點，從充滿噪音的現在看出其中的變化趨勢，但是卻不代表我們有辦法加以處理。未來學院早在一九七七年時，就已經針對全球氣候惡化做了第一次預測，邀請了全球頂尖的氣候專家進行研究。未來學院做為獨立的非營利機構，並非氣候倡議團體，但自從一九七七年以來，我們就不斷進行周期性研究，這也讓我們知道，全球氣候變遷確有其事，各家研究的差異只在於氣候惡化的情形有多嚴重以及多快。要解決這個全球性的問題，我們的思考一定要不斷在前瞻、洞見和行動三者之間一再循環，才能夠阻止氣候惡化。

威廉．吉布森在二〇一八年發過一則推文，文中他把從未來往後看思維模式的重要性說得很清楚：「凡是認為氣候變遷不是人為造成的未來預測，都是短視的荒謬，這點會越來越清楚。這類反駁文獻，等於完全忽略科技所做、最重大的預測。」我們的子孫有天一定會問：當年那些領導人究竟在想什麼？當時的未來學家怎麼都不說話？都怪現在的我們太過短視。

范德比爾（Vanderbilt）大學的教授阿曼達．莉朵（Amanda Little）的著作《食物的命運》

（*The Fate of Food*），講述氣候惡化和食品供應的關連性。在該書出版前她進行訪談，她發現，要想通食物和科技之間的關連，必須運用到全光譜思考力：

對於將科技運用在食物上，大家都抱持高度的不信任——這點可以理解，因為工業化農業本身真的充滿種種缺失。但我本人觀察這個爭議多年，倒是在想：為什麼一定要這麼涇渭分明？我們其實應該要找到一個讓兩者結合的方式。

我們需要「第三種方式」，既能向傳統食品生產智慧借鏡，又能向最先進的高科技取法。這麼一來，就能夠生產出數量更多、品質更高的食品，還能兼顧大眾健康和環境維護保存，而不致於使之惡化。

融合科技和食物生產的事，應該跳脫只有要或不要的二分選項，這一點只要考慮到消費者這個層面，就很能說得通。科技遲早會被拿來運用，但是要怎麼用，則有非常多的不同選項可以考慮。

本章介紹的未來思考工具將來一定會派上用場。稍早我提過，三股未來外在力量來自過去人類的遺子，它們在未來十年會更加惡化。前瞻—洞見—行動這個模型，將在本書中一再被套用，「現在、未來、下一步」的思考和行動方式也是。眼光放遠，會有助於評估當前的選項。我相信這些未來的力量會相當具有革命性的威力，因此在分析時也最需要廣域的思維。

全光譜思考力需要訓練，以及精熟數位工具、網路，並且要與下個世代的領袖進行對話。本書的第二部就要介紹這些新工具、新網路，以及能將全光譜思考力帶入生活的真正數位原生代。

# 第二部
# 全光譜工具、網路與人

今日世界混雜的情形很難理解，也不可能抽絲剝繭。想要有一絲理解，就要具備全光譜思考力，因為這樣的混雜情形在未來只會治絲益棼。本書第三章末所提及的三股未來外力會製造信任、控制和關係等方面的危機，導致社會秩序也因此紛紛擾擾。本書第二部要介紹新工具和連接度，以及人們也會以新方式運用全光譜思考力，接著再要求全光譜思考力成為必備的思考模式。

所幸，數位媒體將會增進我們的感知能力，讓我們感知周遭事物。同時，也會出現數位原生代，這些人遠比之前的世代更精通於新數位媒體的使用。

多數新興工具和網路資源都已經存在很長一段時間，只是其所觸及的領域都沒能像下一個十年那麼深遠。未來會出現的，將是新與舊的全新混合，這會創造出更為強勁有力的工具組合。

真正的數位原生代，對於全光譜思考力會比我們都了然於胸。他們會重新改造工作環境，全光譜思考力由他們運作起來也更能得心應手，原因在於他們是伴著數位工具和媒體長大的一代。年輕人，尤其是在二〇二〇年時二十四歲或更小的「青年震盪」數位原生代更是如此，他們比一般成年人更能夠了解，並且接受全光譜思想。全光譜思考力會幫他們找到宏觀視野、屬於他們的聲音以及營造生活的方式。

小孩子一生下來就擁有以宏觀思考方式觀察世界的能力，是我們一直不斷類別化以及考試，才讓他們不再這樣思考。全光譜思考力會幫助這些小朋友和我們大家共同思索，共同將未來世界打造成更美好的地方。

## 優先考量的問題

以個人的角度，你要如何學會利用現在的潮流、明日即將出現的數位工具和網路，以便建設性的處理複雜問題？

以組織的角度，現在要如何設計並且使用數位工具和網路，以支持全光譜思維並抗拒過於簡化的分類？

社會要如何規範新興的數位媒體和網路，但也不能過度規範，好讓不同的聲音可以被聽到，並免除一些不公平的分門別類？

對於一些年紀較長的個人、組織和社會，要如何接納並且與數位原生代對話，他們畢竟擁有較多的數位經驗？你要如何鼓勵跨世代的教導？

# 第四章 數位清晰過濾器

## 與不信任纏鬥

二〇一八年，一家名為搜派人工智慧（SoapAI）的矽谷新創公司開發出第一款數位清晰過濾器，功能是能幫助年輕人分辨新聞的真假。姑且不論搜派人工智慧有沒有賺到錢，我認為這個發明象徵未來十年會颳起數位清晰過濾器的風潮。本章稍後，我會針對清晰過濾器深入介紹，以做為對未來的探討。

這一類的系統能幫助人們了解即將到來的世界。我預期將來數位清晰過濾器市場會百家爭鳴，這類產品會獲得存在已久科技工具的支援（像是人工智慧和機器學習），日後都能夠變得實用且襲捲各地。

一般人對清晰過濾器這個名詞可能覺得很陌生，甚至是第一次聽到，但這其實是很古老的概念。從前，村落中的耆老就是清晰過濾器，還有像是巫師、道士、牧師和其他幫助人們了解世界的權威人士，這些都算。當今的世道，我們也有像醫生這樣擔任這樣清晰過濾器的角色，他們負責治療疾病，提供保健之道。

說明白一點，清晰過濾器就是受眾人信任、傳道、授業、解惑者。

比如說，馬丁路德金恩就是清晰過濾器。我和金恩博士念的是同一間神學院——克羅澤神學院（Crozer Theological Seminary），他遭人暗殺時，我正好在該校就學。當時整個社區的人都深受震驚，校方為此決定要加開一門教導馬丁路德金恩生平和思想的課程。這門課的宗旨，是要把金恩博士當年在校時所接觸到的那些課程、知識帶給學生，讓新一代的學生能接觸當初傳授金恩基督教品德的肯尼·李·史密斯（Kenneth Lee "Snuffy" Smith）教授的智慧結晶。

這門課讓我學到馬丁路德金恩所尋找、所傳遞的清晰理念。雖然大家多半會聽到關於他在人權方面的主張，我從史密斯教授的課中卻發現，原來社會正義才是金恩博士所倡導的真正宗旨。金恩博士在世時的人權議題牽涉諸多關懷層面，包括貧窮、環境議題（第一次世界地球日在一九七〇年舉行，距金恩博士被刺身亡兩年），反對越戰、關懷勞工，還有提倡公民權。泰維斯．史麥利（Tavis Smiley）的著作提供很讓人信服的證據，讓我們看到金恩博士的社會正義觀點，尤其是到了人生的最後那幾年，他其實是在其他黑人民權倡議者的強硬壓力下，被迫專注在公民權的議題上而放棄其他社會議題，因為那些黑人人權運動人士認為其他議題會轉移焦點。金恩博士本人其實對於社會正義的觀點原本是全面性的，他不認為社會正義可以被窄化為單一孤立的類別、框架或是標籤。他注意到的是，更大規模的社會不公模式正在運作。

金恩博士是許多人心目中信賴的清晰過濾器。美國黑人常被貼標籤，也總是被歧視，但在金恩博士眼中，這樣的歧視其實是按照一個更大的、不公的模式在運作。就像第一章提到的彼得．杜拉克一樣，馬丁路德金恩博士也是位數位工具還沒降臨前就已經出現的全光譜思想家。

## ◆當前人類的清晰過濾器

二〇一八年九月二十七日未來學院建校五十週年慶，在電腦歷史博物館（Computer

History Museum）專欄作家湯馬斯．佛里曼（Thomas L. Friedman）發表一段演說，提及他所信任的未來，也談到今日紛擾世界下對新聞媒體的看法：

我試圖不以框架思考，不只是在框架外，而是完全不用框架。還有什麼能在更多的日子、在更多的地方、用更多的方法來解釋更多的東西呢？

很多人都只會在既有框架中想事情，有些人則會跨越框架來思考，有些人則使用框架做為一時構思新點子的基礎，以求讓人能更容易懂得他的意思，但很少人會說不用框架就能想像出事情的各種可能性。其實，隨著我們能運用的全光譜工具增加，運用全光譜思考力的能力獲得改善，慢慢的我們也能不再把人放進框架裡歸類。

佛里曼當前在《紐約時報》專欄上的簡介是「謙虛、自尊、信任、領導統馭、所有權與擴大效應主題的專欄作家」，這些形容詞，是他在與人初識時用來打開話題，讓大家不要帶著框架聊天時會用的字眼。佛里曼的文章，讓《紐約時報》的讀者在沒有被硬塞入框架的閱讀中，了解到當前的時事和即將出現的未來力量。我欣賞佛里曼專欄的原因在於，他完全不提醒我們該怎麼想，或是要想些什麼，而是會直接激發我們的全光譜思考力。

另一個清晰過濾器則是艾拉．富拉托（Ira Flatow）在公共電台所主持的《週五談科學》（*Science Friday*）節目。在撰寫本書的過程中，有一個週五早上，我聽到他訪問馬克．米奧多尼克（Mark Miodownik），他著有《液體：流經生命的美酒、海浪、煤油、眼淚、液晶……》（*Liquid Rules: The Delightful and Dangerous Substances That Flow Through Our Lives*）。

我們身旁被各種液體所環繞，但該節目讓我了解到，自己腦子裡有一個非常狹隘的類別，也就是所謂的「液體」。事實上，液體像譜系一樣，是由好幾種不同譜系所組成的，也就是各種不同的液體狀態。舉例來說，我之前並不知道，原來花生醬算是液體，所以不能帶上飛機；我之前也沒想過，其實洗手乳這種產品本身大有問題，因為，洗手乳太容易流失，許多會直接浪費掉，跟著大量的清水被沖進排水管。液體本身就不是它們看起來的那樣，我現在就比較會把液體看成是許多不同的譜系，用全光譜的眼睛去看的話，日常生活中的液體變得截然不同。

《週五談科學》這個節目是很出色的例子，讓我們看到要如何教導普羅大眾運用全光譜思考力。該節目的宗旨是：

二十五年來，我們為本公共電台的觀眾介紹許多頂尖的科學家，讓他們感受到，學習新知可以是件有趣的事。但我們不僅僅只是個電台節目，我們也製作獲獎連連的數位影片，在網頁中發表原創的文章，為教師和非正式教育者匯整教育資源。對那些充滿好奇心的人而言，我們比較像是大腦的娛樂。

我相信，本書的讀者都有各自喜歡的作家、專欄作家、播客主，或是其他獲得你信任的訊息傳遞來源，幫助你不至於接收到錯誤訊息。未來世界裡，還是會有一些可以信任的人，像是上述的湯馬斯．佛里曼和艾拉．富拉托這樣的人，但是除此之外，我們還會有科技工具和媒體，它們將成為比人類更有力的清晰過濾器。不過，每個人也都有各自的盲點和偏見，清晰過濾器會挑戰你的這些盲點和偏見，不然你就會因為盲點或偏見而只看到自己相信的東西。

在混雜的未來，要怎麼獲得清晰的眼界呢？要怎麼避免錯誤的武斷見解、以及錯誤的歸類呢？要怎麼調整自己的武斷、並培養自己清晰的思路和視野呢？要怎麼運用數位工具來協助自己，讓清晰過濾的功能發揮得更好呢？

## ◆新興的數位清晰過濾器

我本身是未來學家而非科技人，我的思緒落在未來，所以會刻意去搜尋即將出現的巨變潮流。因為過去長久的預測經驗，我了解到，多數真正的巨變通常都要等三十到五十年的醞釀才會嚐到成功的滋味。所以，幾乎所有蔚為風潮的事物都不是憑空出現的，那些一時之選，幾乎都是在好幾年前就飽嚐錯誤失敗經驗的產物，這一點在科技界更是少有例外。所以，問題不再問什麼是最新的，如果真的是全新出現的，那幾乎可以保證未來十年不會有它的舞台。該問的是，有什麼是已經做好萬全準備、飽嚐失敗的？本章就是要談這一點。

未來十年，會有一波新數位清晰過濾器風潮興起，以處理盤根錯節的負面假訊息和假先知，大眾會需要可信任的訊息管道，以利理解世界局勢，即使當前的局勢他們可能看不太懂。清晰過濾器的出現，能給予大眾強大的資源，從而減輕他們的疑慮，甚至還能增加他們的信賴度。清晰過濾器會幫助我們分辨什麼是清晰明朗、什麼是武斷自負。以下略述兩者的差異：

● 清晰明朗就是能以故事交代（馬丁路德金恩生前就善於講故事）。清晰明朗就是能條理分明。

● 清晰明朗包含對於不同觀點的好奇（金恩博士對所有社會正義的觀點都懷抱好奇心）。但武斷自負則很少會好奇。

● 清晰明朗接受自己不懂什麼（金恩博士性格剛毅且相當謙虛）。武斷自負則不知道自己有所不足之處，也不想要去學習。

新的清晰過濾器並非橫空出世那樣的耳目一新，而是累積各種淘汰、篩選的過往科技和工具，新的地方只在於增強運算能力、減少成本，以及能讓非科技人也用得更得心應手而已。新的清晰過濾器會拓增善與惡之間的層次。我有信心，大家能夠善用這些新的工具，大家要把心思放在該怎麼有創意的善用這些工具，科技本質上是沒有善惡之分的。

我和李開復剛認識時，他還是個年輕的科技天才，擔任當時是蘋果電腦的執行總監約翰·史考利（John Sculley）的重要副手。李開復目前則帶領一群來自全球各地的人工智慧專家，開創人工智慧的未來。在他談論人功智慧未來的著作中，李開復談到自己所體會到深刻真理，我引述如下：

在未來人工智慧前面，我們都只像幼稚園小朋友。滿滿沒有答案的問題，交雜了童稚的好奇心和成年人的擔憂，我們試圖眺望未來。

在我一九八八年的著作《群器》（*Goupware*）中，我點出十七種可以靠電腦來幫助團隊合作的方式，包括幫助群體達成決定、專案管理、提案創意、文本過濾軟體、對話式架構、群組創作以及在團體會議中擔任非人類成員。現在已經沒有人用「群器」這個字了，因為電腦協助企業團隊，早就是團隊合作過程中不可或缺的一部分。「群器」這個字，擔負了過渡性的功能，勾勒出當時即將誕生的產業需求，也點出這份需求所需要的工具。

到了二〇二〇年的現在，我們已經可以看到部分徵兆，就是所謂的清晰過濾器，這種產品將會跟我一九八八年所預測的「群器」一樣，用類似的模式影響世界。「清晰過濾器」一詞或許同樣不會被沿用，但是在混雜的現在和未來，將會越來越需要清晰過濾器，也會越來越需要能夠提供這方面協助的相關新興工具。

本章一開始提過的新創公司「搜派人工智慧」，它會從非常多樣的來源搜尋訊息，包括廣播新聞、政治意見、科學研究、社群媒體等的新聞發展和同溫層對話。運用人工智慧和機器學習，搜派人工智慧會自動搜尋經過證實的消息來源，找到每個人針對所有事件的看法和態度，這類搜尋不容易的地方在於，要如何去證實真偽，而且又該由誰來決定？需要用哪些條件和標準來篩選？這樣的程序，會不會被外界駭入操縱？

機器學習讓搜派人工智慧可以觸及驚人的大量資訊，大數據分析和資料視覺化讓提供資訊的過程得以強化，而且是以我們想像不到的新方式。電玩遊戲化的互動則讓整個操作方式變得很簡單。

搜派人工智慧使用簡潔泡泡介面，讓人可以透過個人化總覽得知熱門話題和時事，這些泡泡可以在螢幕上分類、重組，以便依使用者的興趣、價值觀和優先順序排成不同組合。搜派人工智慧的軟體會不斷在新聞中尋找模式，而且會很大膽的挑戰現有的傳統分類，並跳脫這樣的類別。它會找到新的連結方式，以及超越框架的新思考模式。

搜派人工智慧是新一代數位清晰過濾器中第一個問世的產品，我預期很快會有更多這類產品加入，這類產品鎖定年輕人，以快速提供年輕人新聞訊息為宗旨。傳統的媒體上，多數人仰賴可信的社論來理解時事，但在這個充滿負面假訊息的年代，卻很難確定誰值得信賴，四處充斥不信任。

搜派人工智慧的作法會先選好數千條消息來源，這些都是科學家、公司執行長、政治家、社會名流針對最熱門時事、話題和討論的想法。接著，再將之歸類為各種泡泡，以幫助用戶在複雜的來源中整出條理，用戶藉此建立清晰度。透過創造多樣化譜系的觀點，用戶可以看到模式，進而形成深度意見，用戶會知道自己所接觸的都是經過嚴格標準篩選、確認過的觀點。

搜派人工智慧採用來自不同價值觀的來源，有時甚至是對立的，藉此幫助用戶釐清自己的觀點。這麼做可以提供不同且多樣的脈絡，有助於用戶在脈絡內思考，這樣做，充斥在有線電視頻道的平日新聞和即時新聞熱播就不會影響到用戶的觀點。搜派人工智慧著重於從其來源多樣的龐大資料庫中撈出可信賴的來源、淡化過載和整理（分放在各種泡泡中）。這個人工智慧就像是從不睡覺、善解人意的分析師一樣。不同於當今社群媒體只會在假新聞中找些擺在網路上的現成新聞，搜派人工智慧則是從已經先篩過的合格來源中過濾資訊，之後才會開始接受資訊進入系統。

像是搜派人工智慧這樣的數位清晰過濾器，能夠幫助用戶發展出全光譜觀點，它會促成使用者在已經篩選過的對話、主題和故事泡泡中進行脈絡化思考。

## ◆從神經科學看清晰度和確定感的不同

所謂的清晰度，我是指能從混亂和衝突中先別人一步，看到別人還沒看到的未來。身為領導人，要對自己的目標非常明確，但又要對如何達成目標採取彈性的態度。在混雜的現況下，有很多事讓人進退兩難：很多問題既解決不了、又不會自動消失，但我們還是要試圖加以釐清並且有所動作，也就是面對只有不完整的資訊、能見度也非常差的問題。有一種我稱為「放手一搏」（dilemma flipping）的領導能力，能讓領導人即時做出正確決定，不致過早（通常善於解決問題、或是真正有信念的領導人常這樣）、或是過晚（典型的學院派錯誤）。領導人要成為大家的清晰度提供者，而且在混雜的未來，大眾會非常渴望獲得這樣的清晰度。

但是，清晰度和確定感卻有很大的差別。神經科學家羅伯．波頓（Robert Burton）的研究指出，人類的大腦渴望確定感，因此常會誤導我們：

> 雖然確定感讓人安心，但這並不是出自於我們有意識的選擇、更不是經過思考的結果。

確定感和類似的狀態「確定自己懂」，就像是愛和憤怒一樣，都來自大腦機制中非主觀意願可以控制的感受，是獨立於理性之外的大腦功能。

現代科學已經對清晰度和確定感在大腦神經方面的差異具有相當的了解。波頓出色的研究讓我想到，社會學研究中有一個所謂「驗證性偏誤」（confirmation bias）的概念，這個概念指的就是信者恆信，意即：人往往寧可相信自己既有的成見，也不願接受新的看法。把新的經驗歸納進你覺得了解的東西，遠比接受它是新經驗、或是跟你經驗過的不同來得不費力許多。現代認知科學和神經學稱其為「我方偏見」（myside bias），形容的就是人云亦云的現象，很多人看到社群網絡上其他人都說某件事為真，他們就跟著相信，即使他自己覺得是假的，他還是選擇跟風。

很多人都有「確定感」，卻沒幾個人有真正的「清晰度」，不加懷疑的分門別類就是一種確定感。清晰度的相反面不是迷糊混亂，而是自以為是的確定感。

確定感其實是很模糊的態度。我的同事賈梅．卡斯奇歐認為，以清晰度拿來構思目的代表「夠好了」，你不一定要追求精確，或是該說，精準是不可能做到的。清晰度比確定感要再模糊一點，但卻不會產生問題。

新的數位清晰過濾器會減少模糊感，而且已經快要到你身邊了。在有害假訊息充斥的年代，需要強而有力的過濾器，而這類型的過濾器早就已經出現了，可謂來得正逢其時。新科技和媒體工具會促進更強健的全光譜思考力，幫助大家更看清楚未來，以便勾勒出洞見，讓大家現在能做出更好的決定。

現在的工具往往只會讓我們不得不分門別類。商業行銷和廣告把消費者分門別類，只為了產品公司可以更輕鬆的賣出產品；社群媒體則把我們依利益、興趣分成不同群組，不容我們主動選擇，就先分類好、篩選好。因此，現在媒體的設計容易讓我們只聽到同溫層的聲音。二進位電腦所使用的科技，自然會讓所有東西到頭來只剩下０和１，但是二元化的選擇，日後將會被全光譜選擇所取代。

## ◆數位清晰過濾器能做什麼？

數位清晰過濾器這類新興產物可以從混亂的世局中看清趨勢、洞悉時事。這些新產物能協助我們在一系列相關連的可能性中做考慮，避免過早分類，並讓我們有創意的運用以下幾種功能：

● 無遠弗屆的感應
● 看見「模式」
● 電玩遊戲式互動
● 協助理解

當世界到處都用得起便宜的感應器時，我們的身體和使用的藥物就會永遠在線上。我們現在的健保運作模式是「由外往內」，也就是說照護提供者從外表依靠人眼或機器來觀察、檢查、測試，但十年後，健康照護（現在只是生病照護）則會從我們體內啟動，向外照護，像現在糖尿病的照護就已經可以看到這樣的發展趨勢了。

另一方面，所有感應器的資料視覺化，則會幫我們找出健康生活的隱藏模式，藉此幫我們做正確的選擇。大數據如果沒有相對的分析顯示趨勢，那一點價值也沒有。大數據方面的創新，一直以來都朝收集龐大資料的運算能力發展，現在組織機構所收集的資料其實遠超過他們的使用量，有些數據因此有被駭或濫用的風險，造成人們對於大數據收集過程和相關公司企業的不信任。

將來，藉由資料視覺化，會讓我們得以進入複雜的數據組中，而不是一直仰賴統計和普通的曲線概括得到的二手、甚至三手的解讀。視覺化資料讓我們可以用身體實際去體驗，而不是像以前只能靠頭腦去理解。未來的運算，會是沉浸式的、而且是環場式的學習環境，最後一定會包含觸覺：讓學習者可以用觸覺去感受到身邊的數據。今天的虛擬實境電玩算是目前最接近這類體驗的科技，而且現在的小朋友不到成年就已經開始體驗了。

當前我們稱為電玩的東西和說故事方式，將來都會進化成以非常多種不同型式呈現的情感訴求媒體，藉此協助我們更了解周遭的世界（第九章會再深入談論這部分）。神經學讓我們看得到大腦運作的方式，也讓我們了解大腦歸類經驗的方式。神經科學在未來十年間會變得很實用，進而幫助我們學習和執行清晰過濾的程序。

這樣的發展靠的不單單只是科技創新，同時也要運用創意，結合科技、連線、以及數位原生代嫻熟的新技能。（第六章會深入探索）。這樣的結合，會創造出許多種不同的方法，供人們在假訊息、錯誤訊息、以及被別人當成武器的類別中看清正確方向。

我並不是說清晰度和確定感之間只能擇一，像是非題一樣。在尋找清晰度的過程中，跟未經檢視的確定感一樣，都會遭遇到很多相同的認知偏見深植其中。比如說，到處可見的便宜感應器，能否測出正確的數值？這些感應器有什麼不足之處？被視覺化的數據，雖然可以讓我們看到很多真相，但會不會也藏了很多看不到的祕密？學習類的電玩雖然好玩，但當中的故事會不會沒能幫助學習？最後，要是有問題完全解釋不通的話，會怎樣？其實，在混雜的未來，很多事情就算有最好的清晰過濾器幫助，也無法真的說得過去，要是客觀事實不存在，那清晰過濾器的設計和使用就應該避免給人客觀的錯覺。對於荒謬，在清晰過濾器的呈現下會是什麼樣子？

風險變大了，而且在未來還會越來越大。二〇一九年初慕尼黑安全會議（Munich Security Conference）會議的主題圍繞著「七〇年代的北約：危機中的聯盟」（NATO at 70: An Alliance in Crisis）討論。會議中，微軟總裁暨首席法務長布萊德·史密斯（Brad Smith）警告：「人工智慧就是一切。」就像當年的電的發現一樣，改寫人類文明。史密斯形容當前的世界就像是當年的「史普尼克衛星時刻」*，他說：「給了美國的科技業最艱難

*譯註：Sputnik moment，指的是一九五七年蘇聯發射全世界第一枚衛星升空，搶先美國十二年之久，這開啟日後的美蘇太空競賽。

的挑戰。」在人工智慧方面，現在中國和俄國都在挑戰美國，他們是最大的競爭者；那些鬆散又靈活的恐怖組織，則可能是比這些國家更大的危機。布萊特．史密斯對於人工智慧一字的定義比一般還廣，包括機器學習，也就是讓電腦自行學習變聰明。這方面我們已經可以看到徵兆了，人工智慧有很大的潛能，一旦和人腦結合，就能開啟新的理解方式，讓我們了解過去一些很難看到的關連性。但早期人工智慧的運用，肯定都會為利益所趨，也會被想要掌控的人所左右。

## ◆數位清晰過濾器的分析

二〇一八年六月七日，我帶了一群總裁前往位於加州紅木海灘的美商藝電（Electronic Arts, EA）參訪。美商藝電是世界最成功的電玩發行商，我們在這裡拜會該公司的首席分析長柴克．安德森（Zach Anderson）。他說，美商藝電有能力追蹤每一位（匿名）遊戲玩家的所有細微動作，他們使用先進的分析和視覺化方法，結合流暢的遊戲介面，讓藝電的分析團隊能夠深入掌握玩家的行為模式。安德森這麼形容團隊的分析：

我喜歡看統計分布圖，不喜歡線形圖。我不喜歡一般化。現在我可以看著分布圖，並從中找出客戶的行為模式。

這來得正是時候，因為我在第三章提過的未來三股外力，就是要求領導人能夠發展全光譜思考力。現在有了大數據分析，以及將數據空間視覺化的能力，讓領導人可以從內部看到譜系，藉以進行全光譜思考。更重要的是，領導人可以藉此看出模式，從而找到新的清晰度。

過去我們習慣看到數據分析的曲線圖和統計數字，因為受到種種呈現方式和技術的限制，常把複雜的新經驗塞入標準化的類別中。跟其他的類別式思維一樣，這一類的統計和曲線圖雖然強大，卻要很謹慎且受過訓練才能夠善用。新科技和媒體工具，在未來將可以真的讓我們看到分布圖的內容，而不是只是看到被歸類或是總結過的片面事實。我從來就沒有很喜歡統計，所以將來有這樣的轉變讓我寄予厚望，也鬆了一口氣。要是你可以看分布圖的內部狀況，並直接看出行為模式，誰還需要看統計表？這會是全光譜思考力很重要的型式，美商藝電和其他公司讓我們看到這是怎麼辦到的。

二〇一九年三月，有八百位科學家簽署了一份共同聲明刊登在《自然》（*Nature*）期刊上，該聲明呼籲大眾停止使用「統計顯著性」（statistical significance）這個分類系統，主要的原因在於：「統計顯著性」或是「不具統計顯著性」太常被人錯誤詮釋為「這個研究成功了」或「這個研究不成功」。「真實狀況」（true）有時在統計上會超出事實的閾值（threshold），近年來我們逐漸發現，科學研究充斥這類低於慣用閾值，但卻不是事實、正確的研究結果。《自然》期刊這篇聲明的共同簽署人因此主張，問題不在數學運算上，問題在於人類的心理作用，人們將研究結果草率的區分為「符合統計顯著性」和「不符合統計顯著性」，兩者讓人用太過於非黑即白的二分法來檢視科學研究。

我不認為科學界會這麼容易從此改弦易轍，但這份聲明很明顯的表示，有一群科學家看穿研究系統的不足，呼籲使用全光譜思維來看待研究結果。

這些新興的工具會讓我們更有機會創造出更多有意義的未來，因為領導人將能夠在自己下決定之前，先看到全光譜的多種可能性。這樣先進的前瞻，將會幫助領導人生出新的洞見，做出更明智的行動。領導人也因此可以在現在做出更好的決定。

全光譜思考力會幫助人們避免掉入類別式思維的誤區中。對許多人而言，當前的訊息已經夠複雜了，這情形只會越形惡化，讓大眾渴望獲得簡單的解釋。簡單本身沒錯，但是過度簡化卻有危險，套用讓人心安的過去類別，雖然能讓人鬆一口氣，但這不是沒有代價的，甚至還要冒相當大的風險。分門別類要相當小心，要先考慮全譜系的各種可能，要對於信任誰和信任什麼東西之前都萬分謹慎。

## ◆ 清晰過濾後的信任

未來，經過清晰過濾器的故事想要有其價值，就必須贏得信任。我在未來學院的同事珍・麥戈尼加（Jane McGonigal）負責教導未來思考（futures thinking）和神經學的結合運用。她總結自己的課程如下：

> 我們通常會把不信任看成是信任的對立面。但是，在我們的大腦中，信任和不信任其實是各自獨立的兩套系統，兩者不處於同一個連續系統的對立面。

信任是理性的，難以建立也很脆弱，要有直接的體驗才能營造出來，光靠社群媒體或是廣播很難播下信任的種子。然而，不信任卻是情緒性的，很容易就產生，而且很頑強、不易去除。不信任可以透過謠言和二手訊息就傳遞開來，靠社群媒體就能夠散播不信任的種子。我們以為信任和不信任屬於同一個譜系，但其實兩者來自大腦中不同的連結模式。

每年，未來學院會為其基礎預測選一個焦點。二〇一八年我們選了信任、不信任和誤信做為焦點。這個研究我們辨認出四種信任的核心模型——這四種模型可以幫助我們想像清晰過濾器要如何設計來散播信任、避免不信任：

- 透過持續的驗證來獲取信任：儘管我們一直不放棄追求在充斥無窮數據的世界中獲得確定感，但確定感是不可能存在的。清晰度卻是可以企及的，而且新興工具將能幫我們達成這個目標。
- 靠保護藩籬來獲取信任：在無藩籬的世界中建立數位圍籬。數位圍籬和數位橋樑都是可能的，雖然兩者都很脆弱。
- 藉由委外權威建立信任：在一個混亂的世界中信賴專家。在未來學院的經驗中，專家很少等於名家，在綜合意見形成預測時，我們會徵詢預測未來方面的專家，這些人要不是還沒成為名人、就是不想成為名人。

- 透過保護式過濾器獲得信任：在無窮實境的世界裡設計客製化觀點。過濾器到時候會變成是義務性的，但必須具備信任度。

清晰過濾器至少需要含概上述四種信任模型中的一種，這樣才能有作用。理想上，清晰過濾器應該要處理四種模型所遭遇的信任危機。信任很難捉摸，但不信任卻遍地開花，甚至「誤信」在將來更會成為常態。與不信任的纏鬥將會成為未來世界的日常，但所幸，有很多數位過濾器會出現，幫助大家消除數位扭曲。

本章中，我們介紹數位清晰過濾器日漸重要的情形，不論是擔任傳道授業解惑者的清晰過濾器（像是湯馬斯．佛里曼和艾拉．富拉托），或是數位化輔助的過濾器（像搜派人工智慧和美商藝電使用的分析法），這些過濾器會協助我們掌握現下變得越來越嚴重的混雜情勢。普遍的感應器、視覺化圖表、電玩遊戲、以及涉獵越來越廣的理解幫手，都已經變得很實用了，日後的重點會是增加更多可靠來源，以便掌握未來的外在世界。

新的清晰過濾器並不會提供完整的全光譜思考力，但至少會鼓勵廣域譜系的思考，讓人跳脫過去的框架和類別。我們正朝全光譜思維前進，雖然可能永遠也到不了那裡。各種清晰過濾器將來可能也不會臻至完美，但至少比過去我們所仰賴的清晰過濾器更完善。

第五章要談未來會將上述工具連接起來的網路，這套網路的連接方式，將包括更多的連線及更多的分散式管理（distributed authority）。

# 第五章
# 分散式管理網路
## 爲控制權纏鬥

分散式管理網路目前才正在發揮作用，雖然這種網路型式其實已經開發五十多年了。在我看來，今日網路的發展，不過是在為未來做一場史上最大規模的市場測試。

到目前為止，我們所認識的控制權指的就是中央集權，但那不是未來世界的樣子。目前，中央集權和清楚劃分控制權的這些作法都在瓦解中，並下放到更為分權的單位，只要靠數位連線連結就可以了。現在的我們已經在這條道路上了，雖然還只是剛開始的階段。

新型態的連線方式目前已經成形，我們可以看到，網路已經從中央化進入去中央化，來到真正的分散網路。在電腦網路的世界，管理權一直被集中於權力類別，這些類別代表著信任，也負責強化信任，類似銀行的運作，然而今日的銀行給人的感覺已不再那麼可信了。不信任感甚囂塵上，慢慢的，電腦網路就會創造出新的分散式信任方式。

嚴格的中央化分類法正逐漸被分類易變的多譜域所取代；中央電腦（個別電腦）也逐漸被分散式運算（多台電腦相連）所取代。為了要了解下一波的趨勢，我們先回顧過往，然後再談未來。

當我第一篇專業論文被「國際電腦通訊會議」（International Conference on Computer Communications）接受時，我剛完成博士學業，正在一家小型文科大學的社會學系任教，那場會議名為ICCC'72（一九七二年國際電腦通訊會議）。不過，我投稿該會議卻是出自對會議名稱的誤會。

我投稿的文章是和電腦科學家吉姆．舒易勒（Jim Schuyler）共同發表的，我們在西北大學念研究所時就認識，這篇論文的主題是電腦上人際通訊方式。問題是，「一九七二年國際電腦通訊會議」談的主題卻是電腦和電腦之間的通訊。

這場美麗的誤會，讓我有幸參加一場歷史盛會，這場一九七二年十月二十四日於首府華盛頓希爾頓飯店舉行的會議，就是日後鼎鼎大名的「網際網路」（internet）問世的發表會。這場會議選擇不公開，因為這種新電腦網路原始服務對象很少，沒想到，日後卻改變全世界。

當時，這個網路被稱為「阿帕網，ARPANET，高級研究計畫署網路），原本只為美國國防部幾個承包大學電腦之間的數據通訊之用。

我和吉姆運氣不錯，會議中有其他人跟我們一樣在研究透過電腦的人際通訊模式，因為主題相近，主辦單位把我們放在一起報告：

- 道格拉斯．恩格巴特（Douglas C. Engelbart），日後成為滑鼠之父、超媒體（hypermedia）之父，除此之外他還發明了很多電腦產物。
- 莫瑞．杜洛夫（Murray Turoff），為聯邦政府開發第一套應急備用線上系統。
- 安德魯．李賓斯基（Andrew Lipinski）是未來學院的一員，他和美國政府簽有高級研究計畫署（ARPA）合約，目的是要開發線上Delphi編程語言，他同時也拿到美國國家科學基金會（NSF）補助，讓他研究如何用這套系統來整合專家意見。
- 吉姆．舒易勒和我共同發表關於線上問卷調查的研究。吉姆和我是這個小組中最年輕也最名不見經傳的組合。

其他幾位講者的想法都比我先進，這場會議也成為我人生的轉捩點。

我們這個以人為主題的小組會議快結束前，會場後方一位非常熱心的年輕人終於忍不住了，直接說，我們根本就不應該被邀請來參加這次會議。他站起來不悅的大聲喊：「拿阿帕網來進行人際通訊根本就是糟蹋中央處理器！」講完就怒氣沖沖的走出去。

有時候我會好奇這年輕人後來怎麼了，我必須承認，我出現在那個分組會議裡，在那個年代看來的確該受批評。畢竟，我們的主張是，把阿帕網挪用到非原始的用途上，簡直是殺雞用牛刀。只是沒想到，日後證明，我們在那個會議上所建議的那個功能，其重要性竟遠超過阿帕網的原始目的。

## ◆分散式管理網路的漫漫長路

日後我加入未來學院後，才知道「封包交換」（packet switching）這種阿帕網的核心技術，它是由保羅．巴朗（Paul Baran）等人共同設計，目的是要抵禦核武攻擊。新的網路之所以被設計出來，是為了要保護美國免受敵國蘇聯攻擊。他們的研究始於一九六四年冷戰時期，當時的網路因為採集中制，所以很危險，容易被其他超級大國侵略。封包交換技術把訊息分裝成封包，遞送出去，直到送達對方才重新組合成完整訊息。集中式網路之所以危險，是因為訊息在同一處；但分散網路相對之下分布在不同地區，資源因此更難被找到，也更難遭到攻擊。缺點是，新的組織架構沒有中央，從邊緣成長，很難掌控，諷刺的是，原本用來防衛蘇聯的分散網路，如今卻被俄國人拿去，成為誤導美國選情的假情報散播工具。

保羅．巴朗是當初未來學院的創辦人之一，我在一九七三年來到矽谷後得以與他認識，之後也才知道，他原本幫封包交換取的名字是「燙手山芋路徑」（hot potato routing）。這個名字其實比較符合我所想像的未來樣貌。

因為燙手山芋路徑而得以出現的分散式管理網路，現在已經開始廣泛被採用。分權運算將會在全球層級都成為實際可運用的一門技術。圖 5.1 呈現集中化到去中心化、再到分散的情形。這個分散概念最早是在一九六四年提出的，目前的影響層面則要更廣。信任來源會在電腦網路上更為分散，但也會更網路化，最大的權力屆時將會出現在邊緣，而不是中央。

現今的全球性企業很早之前就已經開始運用分散式管理網路。阿帕網問世會議的幾年後，我和寶僑實業第一次合作，當時我拿到美國國家科學基金會和阿帕網發給未來學院的獎學金在研究網路（net，那時還沒成為 web）。寶僑實業那時候來找我們，想要深入了解網路，並想藉由網路協助他們現有的全球性研發業務。在未來學院的技術支援下，寶僑實業開創一款稱為「艾恩」（ＩＯＮ）的原型系統，其功能類似我們現在的社群媒體，讓寶僑旗下來自世界各地的研發部門科學家可以使用。這款系統很快就普及了，日後在寶僑實業正式改用電子郵件系統之前，該系統共有三萬五千名使用者。

寶僑實業當時很重視科學家之間的通訊（當時稱之為科學家的「隱形大學」），不過這些通訊，多半是非正式的會面、正式的信件往來、以及正式的期刊論文，而且當時那些對話全都被嚴格規定是寶僑實業的資產。

後來電子郵件變得普及，阿帕網

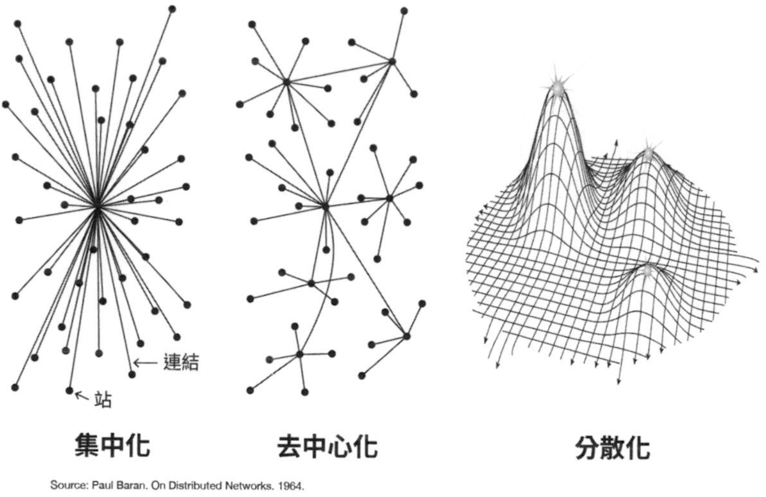


**圖 5.1：左邊兩個圖表是保羅巴朗 1964 年原始論文，就是日後我們稱為「封包交換」的概念，目的是要達到真正的分散式運算，而不僅是去中心的運算。分散式運算這個遠見，和我所說的「善變組織」非常相近。**

慢慢演變成更為公開的互聯網之後，我記得寶僑內部開始出現爭論，對於新聘寶僑科學家的名片上是否可以公開個人電子郵件地址，公司內部各執己見，尤其是對於新加入寶僑的畢業生而言，因為他們習慣使用的科學家隱形大學要求更開放，遇到封閉的寶僑員工文化很不適應。可以看到新的多元通訊譜系開始衝撞舊有系統。

一九七三年，賈克・瓦雷（Jacques Vallée）和我催生了堪稱是當時全球第一份跨國社群媒體訊息對話，套用今天的說法，就是網際網路（internet）。當時還是倫敦大學學院學生、現在已是心理學家的艾德林・威廉斯（Ederyn Williams）最近和我聯絡，說他當時化名為「土地諸子」（The Sons of Soil）並且做了一些事，成了史上第一位匿名網路酸民（不過他很有禮貌）。當時這種線上群組文字通訊形式才剛開始使用，所以我們對的話都在討論哪類媒體適合什麼樣的內容。早在一九七三年，就已經可以嗅到未來媒體將會出現譜域的多元選項，包括面對面會議。這是電腦網路演進到電腦社群網路的一個過程。

## ◆ 分散式管理的地緣政治風險

近幾年，我獲邀前往美國陸軍軍事學院，為剛晉升三星上將的將官客座演講，日後接替這個講座的客座講者則是美國前國務卿麥德蓮．歐布萊特（Madeleine Albright），她近來著有《慎防法西斯主義再現》（*Fascism: A Warning*）。歐布萊特在東歐長大，親眼見證法西斯主義對她家人的迫害。她對當前局勢所提出的質疑是，隨著現代機構組織變形的程度日增，我們是否失去了自我治理的能力，讓極權主義較易得到支持，因為在遭遇複雜問題和痛苦時，這是一條不用腦的出路。

歐巴馬總統任內的美國國防部副部長羅伯．沃克（Robert O. Work）也在二〇一九年的慕尼黑安全會議上表達類似的擔憂：

人工智慧成暴君的新工具，讓他如虎添翼。這個時代，科技的挑戰相當嚴峻。

他預測，下一次大戰將會是「我們的人工智慧對決敵方的人工智慧，誰的人工智慧比較厲害就會打勝仗。」

儘管我對歐布萊特和渥克都非常敬重，但我對極權暴政倒沒有他們那麼擔心。將來，可以被分散管理的事物都會被分散管理，在這樣的世界裡，法西斯主義和極權主義都會比從前更難如願以償，這種中央控制的思維可能一時奏效，但我不認為有辦法成功或持久，分散的異議分子所掌握的媒體到時候會變得非常強大，不是這些中央集權政體所能控制的。

我知道有人持不同的看法。比如說，大型的集中化公司能夠蒐購許多原本是分散的小型公司；一些像是新加坡、中國這樣的國家也可以控制網路，以集中化的方式加以管理。沒錯，這一切的確都發生了，也確實會拖慢我們轉變為分散網路的速度，但我認為問題不在分散式管理網路是否成真，只在何時會成真。

話說回來，善變的組織架構會變得太鬆散，結果很難眾志成城，像是一盤散沙，缺乏共同的方向和目的。作家蜜雪兒．狄恩（Michelle Dean）說得很好：「權責機構現在變得太過分散且敏感易燃，就像噴漆一樣。」

不過，現在的分散式運算多半還只在有名無實的階段，限制很多。比如說，未來學院早在二〇一四年就開始研究區塊鏈，我們將逐漸多樣化的行動和想法繪製成圖，發展為以下的定義，並以數年時間加以印證：

區塊鏈採用分散式運算，其方式可以追蹤自主虛擬物件的狀態，在缺乏中央管理的情況下，依然能提供用戶安全性。

區塊鏈算是分散式管理網路的早期代表，目的是要在網際網路上建立平台，不採用傳統嚴格的中央分類，走向流動的信任分散和控制分散。區塊鏈的基礎建設，讓大家將來可以在全球性社群中獲得新方法來整理組織。區塊鏈還是會採用更確定的方式進行分類，再依照用戶選擇建立起多重管理點。它創造無法篡改事實的加密版本，根據交易紀錄逐步建立起一套所有人共享、持恆的帳本，這帳本不是由中央來管理，所以區塊鏈可以被當成是分散的信託。

區塊鏈還有一種潛能，那就是在低信任度的環境中提供高信任度的互動，雖然目前話還不能說得太早，最後可能還是會功敗垂成。不過，就算有一天真的不成功，肯定會以足堪玩味的方式失敗，留給我們重要的經驗。用戶可以透過收集來自其他人對他們的信任，而建立起自己對他人的信任，不過，目前區塊鏈才在剛起步的階段，就像一九九〇年代初期的網際網路一樣。分散式管理的情形，勢必會因為像區塊鏈這類新的分散式運算而獲得強化，可以把目前的區塊鏈當成是類似未來科技發展的原型。區塊鏈預示未來的發展方向，讓我們看到分散式運算會何去何從。

二〇一七年，未來學院的區塊鏈複未來實驗室（Blockchain Futures Lab）做了未來十年的預測（二〇一七～二〇二七），這份預測主要想知道金錢、科技、以及人類身分認同在未來交互作用時，區塊鏈會怎麼改變世界：

未來十年間，大膽的區塊鏈實驗將會重塑我們對所有事物的看法，從現金到電腦運算，從身分認同到治理。從今天的加密貨幣開始，這些實驗會立基在區塊鏈所架構獨特的預設功能（affordances）上，藉此創造出劇變的改革區。而這些實驗會催化人工智慧、虛擬實境以及物聯網的進步，同時也同樣會被這些東西的進步所催化。這些連鎖反應會結合起來，創造出全球性的基礎建設，提供可信運算（trusted computing），這些運算屆時將會觸及每一塊領域、每一種市場、每一個家庭。

## ◆分散管理網路世界的信任

傳統對於網路運算的信任來自中央管理，像是銀行或是企業，由他們操作電腦或是網路。但是，有了區塊鏈後，在低信任度環境進行高信任度互動這樣的事得以實現。區塊鏈提供分散且不可篡改的記帳方式或訊息紀錄，但是卻沒有一個中央管理員來負責。我研究區塊鏈超過五年，但區塊鏈始終還是讓我頭疼。

區塊鏈超乎想像，因為它不局限於舒適的分類，它不採取固定集中式管理，改用流動式的分散式管理。區塊鏈不採取集中化信託，而是預期會有分散式的信託，其信託的類別是善變且分散的、去中心化的。但區塊鏈的未來目前其實都還在未定之數。

以太坊區塊鏈（Ethereum blockchain）創辦人維塔利克．布特林（Vitalik Buterin）在談到分散式管理的影響時，是這麼說的：

多數科技在自動化的過程中，在邊緣進行較不重要作業的員工通常會先被取代，但區塊鏈則是從中間開始自動化。所以，區塊鏈的自動化過程不是會讓計程車司機失業，而是會讓

Uber失業，司機則是直接和消費者合作。

這裡要注意的是，要是乘客不是奧客的話，那他還是得想辦法找到合格的司機開車。區塊鏈雖然會分散式管理，但是仍然需要信任，演算法有辦法在沒有人類企業居中協調的情況下，提供顧客值得信賴的服務嗎？

區塊鏈同時也讓一個問題浮上檯面，那就是：人類領導的企業所提供的服務，有哪樣是演算法所領導的組織不能提供的呢？我相信，針對這個問題，未來會有更好的答案，但是今日許多公司都還沒有答案。

現在，許多信任是靠電腦強加在我們身上的類別所達成的，最終會迫使我們走進0和1中。就像現代的電腦搶著幫我們完成句子，會自動校正我們的輸入錯誤一樣。

數位電腦使用的是類別，而不是連續性計量。這樣的電腦包含各種比較、「如果」的陳述、程序以及運算。今日的電腦完完全全就是個二進位制的分類機器，儘管勉強有一點人工智慧的糢糊邏輯（fuzzy logic）。

但分散管理運算正在襲捲全球，量子運算的研究也已經露出曙光。從集中化到去中央化再到分散化，這個演變很久以前就開始了，但在未來十年間會快速傳播。區塊鏈為基礎的服務正在試探市場，想知道分散管理的網路是否已經準備好搶灘了？分散管理運算，尤其是量子運算，正將新範式引進世界，正如同我在第二章所提到湯瑪士．孔恩在《科學革命的結構》一書所標榜的那樣。

新的運算方式將幫助我們創造出新系統，不再仰賴靜態分類模式。目前我們的運算系統雖不明說，但私底下卻是鼓勵我們使用僵化的類別，無視於我們的主觀意願。最近，我前往矽谷總裁會議演說，數據分析公司史普隆（Splunk）的總裁道格．梅瑞（Doug Merritt）就說：「設計給將『VUCA』的失序世界整理出秩序的人工智慧系統很危險，現在能夠在紊亂中運作的系統數量相當有限，這樣的系統要能在失序中找到模式並從中獲取利益。」

## ◆人類與機器混合

我很清楚，分散管理運算要成形，必須結合人類和運算資源。這種混合的方式，在最近由深智（DeepMind）公司所開發的深度神經網路程式AlphaGo中可以看到雛形（深智公司最近被Google收購），該程式由戴米斯．哈薩比斯（Demis Hassabis）團隊所主導，深智公司成立的目標是希望能「從根本了解智慧」。我個人的理解，應該是意味著要同時了解人類和電腦的智慧。

我認為，在未來十年間，分散管理運算的主要挑戰將會是人類和電腦運算之間的作業如何分工。也就是說，要摸清楚人類擅長什麼？電腦運算又擅長什麼？

紀錄片《AlphaGo世紀對決》（*AlphaGo*）非常成功的點出人與電腦的愛恨情仇。片末，AlphaGo程式擊敗韓國傳奇圍棋高手李世乭，但，被擊敗的人類卻得以從中發現自己不曾見到的面相，而這次電腦擊敗人腦的情形，澈底改變將來圍棋的棋道。

圍棋是人類發明過最高深的遊戲，也是歷史最悠久的桌遊，向來就被視為人工智慧設計挑戰的聖盃。圍棋本身就是運用全光譜思考力的遊戲，它的分類是流動善變的，而其棋局也是流動善變的。在古代中，琴棋書畫並稱四藝，是高貴的技能學習。AlphaGo則是一款會自主學習的電腦，它的運算方式擴展傳統二元運算的極限。

AlphaGo和李世乭一共對奕五次，四勝一和，棋局中，它展現了不同於人腦的創造力，能在不同的譜系上思考棋局，這不是人腦能做到的。李世乭雖被擊敗，但卻覺得和這個沒有生命的物體對奕，拓展了他做為人的特質。

這次棋賽之後，有位分析家提到自己的觀察：「這次的體驗，將會澈底改變未來數千年圍棋的棋道。」當電腦擊敗傳奇性的棋手，不代表圍棋沒有出路，而是圍棋的下法從此開始改變。

這次人和電腦的圍棋對奕，讓圍棋的銷售量增高。李世乭則說和 AlphaGo 對奕，讓他的棋道升級。他說；「這次的經驗讓我成長。我會深記這次的教訓，從中學到經驗。我非常感恩，我覺得因此找回下棋的初衷。我因此明白，當初選擇下圍棋，真的是做了對的選擇。這是一次永生難忘的經驗。」在這裡，我們看到一位賽前高不可攀的棋手，在賽後重新找回謙虛自抑。

神經網路和機器學習讓我們得以將全光譜的複雜性視覺化，即使複雜如圍棋，都可以被視覺化。分散式運算則讓人與電腦的運算資源可以獲得新的混合方式，讓兩者的技能獲得重新配置的可能。

## 擴增智能，並非人工智慧

我以「未來領袖能力養成」為主題開的第一個工作坊，是為「領英」（LinkedIn）網站召集的人力資源主管所開設，該工作坊於CSAIL舉行，也就是麻省理工學院發明「人工智慧」一詞的實驗室。在這場二〇一七年夏天的會議中，我們才知道人工智慧一詞已經高齡六十五歲了，命名的時候其實有些人不同意這個名字，另外還提了「擴增智能」（augmented intelligence）一詞；可惜，最後是由人工智慧一詞勝出。

在先前提到的一九七二年國際電腦通訊會議上，與會者中最卓越的一位就是道格拉斯．恩格巴特，他個人偏好擴增智能一詞。恩格巴特在史丹佛研究所（Stanford Research Institute，現在稱為國際史丹佛研究所）創立擴增研究中心（Augmentation Research Center, ARC）並擔任領導人，該研究中心就是後來阿帕網問世後的第一個圖書館和資源中心。恩格巴特所創的原型系統名為NLS（我記得可以勉強譯成「線上系統」（online system）），這套系統是依恩格巴特的想像所造，目的是將各種能力組合成強大的運算，以解決世上最複雜的問題。這是他依照萬尼瓦．布希（Vannevar Bush）在一九四五年所提出的「迷魅」

（Memex）做為世界大腦這個概念所建構的。

恩格巴特預期，如果要造一架能夠解決世界上各種問題的電腦，那肯定會是很複雜的電腦。他說，NLS上的指令數量跟英文字一樣多，如果有很多的表達方式，會需要以指令和概念的型式呈現，再加上執行動作來讓這些表達得以成形，那分類就得派上用場。恩格巴特建造一套非常繁複的系統來處理非常複雜的問題，完全讓分門別類進入另一個層次。透過電腦，他協助人們用不同的方式思考。

史帝夫·賈伯斯（Steve Jobs）對電腦的未來則有不同的想像，他希望讓電腦可以變得容易使用，想要讓指令的數量減到最低，讓使用電腦可以越直覺越好，所以後來賈伯斯讓電腦演變為數位家用電器。賈伯斯生前很欣賞恩格巴特的產品，但一心只想簡化這些產品，結果兩人因此有了根本上的嫌隙。

恩格巴特說，自己的工作就像在創造登山越野腳踏車，在他眼中，賈伯斯則是在造三輪車；三輪車是不用學就可以馬上騎的交通工具，但是使用範圍卻受到限制。恩格巴特和賈伯斯當時都已經想像到電腦所能擁有的能力，但是運算技術和網路在當時卻尚未俱備。今天，像是深智這類的公司，還有是AlphaGo這樣的實驗，都是從恩格巴特和賈伯斯的遠見獲得靈感，並結合電腦的強大能力和簡單易用的功能。

分散管理網路在信任周期的關鍵點要靠人力處理。很多人擔心，將來電腦會完全聽從人類指令做一些不好的事。電腦如果出錯，人類知道，雖然我們不見得能下對指令；但電腦無法分辨是非。

一九六〇年代後期，剛開始在構想網際網路時，美國正在跟敵人——中央化且官僚的蘇聯——打冷戰。現在，美軍則努力要控制恐怖分子網路，有些是由民族國家所領軍，有些則不然。未來，網路越來越分散，必須要控制越來越分散的恐怖和破壞力量，不對稱軍武競賽的問題，不光是美軍的事。

新聞媒體正努力要壓抑人人可當公民記者、手機可當攝影機這樣的發展；人們則努力想在一個工作機會減少、但維生方式變多的世界求生存。對很多人而言，這壓得人喘不過氣來。

朝向分散式運算發展的這條旅程非常漫長，但其實，這趟旅程才正要變得有意思。未來十年間，分散式運算將會普及，分散式運算的政治將會逐漸變得善變，到時候，信任就會變成迫在眉睫的問題。

對於個人而言，這種朝分散式管理網路的科技轉變所代表的是，到時候透過數位網路，人們可以和全球性的工作連結，對於組織機構而言，則表示階級劃分不可能再像從前一樣了。具全光譜思考力的媒體和連線，在未來十年間將會呈現爆炸性的成長。給科學家分門別類，或者是貼上屬於或不屬於某公司的標籤，都會越來越不容易做得到。同時，開放交易和專屬資訊之間的平衡，也會朝向較開放的那一邊移動。對於各個社會而言，這樣的轉變意味著，不論大家喜歡或不喜歡，我們都是互相連結的，也因此彼此能互相依賴。任何可以被分散的都會分散出去。

所幸，年輕一輩的領袖人物正邁入成年階段，而且他們都擁有一項競爭上的極大優勢，足以讓他們的前輩吃驚。這些年輕世代，將會指引未來的清晰過濾器和分散式網路。他們一定會這樣做的，這一點我對他們很有信心。

# 第六章

# 眞正的數位原生代

## 與社會秩序纏鬥

未來十年，電玩遊戲將會化身為人類史上最強大的學習媒體。這一代的小朋友們，已經比我們早一步知道如何運用這種新媒體。

在電影《戰爭遊戲》（*Ender's Game*）中，首席戰略官（哈里遜・福特飾）向主角、天才兒童安德（Ender）解釋：「我們需要像你這樣的智慧：小孩子比成人更能夠和複雜的數據結合。」在小說家歐森・史考特・卡德（Orson Scott Card）原著小說和電影中，年輕人成為戰士的訓練是透過電玩遊戲的沉浸式體驗進行。我在撰寫此書的最後階段時，有一款名為《要塞英雄》（*Fortnite*）的電玩遊戲深受年輕人歡迎，但很多家長卻因此感到憂慮。《要塞英雄》是由Epic Games這家遊戲開發商所設計的，改良自他們之前一款不那麼賣的舊遊戲。《要塞英雄》為玩家創造一個安全的虛擬空間相聚，玩沒有故事主軸的遊戲，玩家在遊戲中組隊，經歷一關又一關的嶄新冒險和精彩故事。開發這款遊戲的開發商在遊戲中會一直提供玩家新的互動方式，讓玩家可以在各式環境中體驗。二〇一九年夏季，安東尼．帕隆比（Anthony Palumbi）在《華盛頓郵報》（*Washington Post*）上發表一篇名為〈喂，爸爸媽媽，別再提心吊膽了，學著喜歡《要塞英雄》吧〉（*Hey Parents, Stop Worrying and Learn to Love 'Fortnite'*）的文章，觀點深入，以下是該文結論：

> 身為爸媽，如果你想限制孩子玩遊戲、看電視的時間，別緊張！沒必要把像《要塞英雄》這類的遊戲當成妖魔鬼怪，你倒是可以去問問孩子，他們在遊戲裡都在打造什麼？問問他們在遊戲裡交了哪些朋友？又學會什麼技能呢？

很多家長會對孩子打電動很頭痛，覺得該管一管，他們不想跟孩子一同了解電玩遊戲的世界，只會一味用「觀看螢幕時間」這類規定給孩子層層的約束。電玩遊戲本身的確是家長的一大挑戰（我知道很多遊戲太色情、太暴力），但其實電玩在親子跨世代學習方面提供雙方前所未有的體驗。電玩媒體的內容在未來的重要性會遠超過現在。

真正數位原生代的這群人，他們所帶來的青年震盪將會在未來十年間陸續進入職場，他們具有一項競爭優勢，那就是身為電玩玩家和數位媒體原生代的獨特使用者體驗。這些數位原生代知道如何提升自己的技能，找到同好組成團隊，原因就出於電玩遊戲的經驗。

## ◆真正的數位原生代

我對於數位原生代的定義很特別。我視數位原生代為一個轉捩點，而不是一個世代的人，這個轉捩點起於二〇一〇年，也就是 iPhone 和 iPad 上市後引進的一個全新媒體生態，這個生態不同於早期數位工具各自為政的世界。圖 6.1 是我繪製的時間軸，從中可以看到幾次網際網路的改變浪潮，並催生了數位原生代。

一九九三年蘋果「牛頓」（Apple Newton）問世，這是世上第一款輕薄的數位掌上平板，但在一九九八年以前，它在商業上都不算成功，它的失敗卻具有重大意義。十多年後，iPhone 和隨後的 iPad 陸續問世，就是依照「牛頓」的經驗所打造。這時，新的媒體生態讓這些數位工具得以生存並受到歡迎。

心理學家的研究證明，多數小朋友在十歲出頭就已經是成年人了，成年時間的早晚取決於個人和其所處的社會文化。在二〇一〇年或以後邁入成年階段的年輕人，會在神經、心理和社會方面和之前的世代有很大的不同，只是，我們目前還不知道他們有多不同，可以確定的是，這些人會很難被窄化成某些類型，而且他們也不喜歡被這樣窄化。我們同時也可以確定，在這個世代中，越年輕的孩子受到數位媒體的衝擊就越大。

## ◆ 巨大的正向潛能

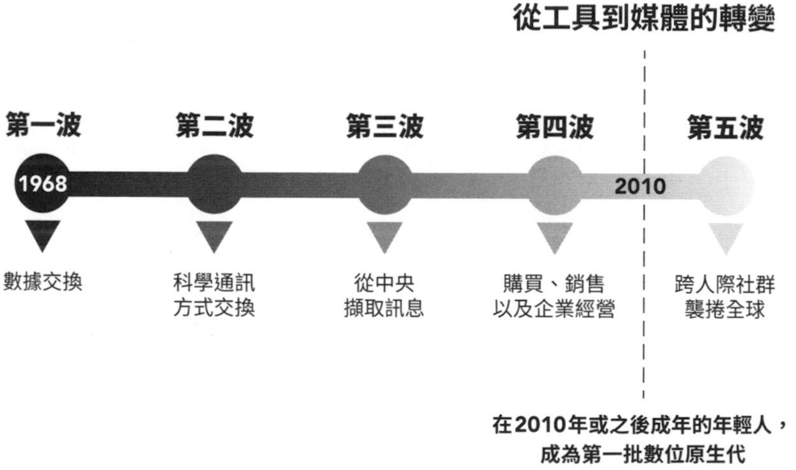


圖 6.1：網際網路發展階段時間軸。重點在 2010 年是數位原生現象開始的轉捩點

雖然，我本人對於數位原生代進入職場抱持正面的看法，視其為跨世代的學習契機，充滿挑戰性，但很多研究社會學的同事，卻一直專注在負面的部分，把矛頭指向年輕人、網際網路、蘋果電腦、Google、臉書和其他事物。他們的憂慮我自然可以了解，很多時候也相當認同，但是，真的要研究起來，數位媒體的衝擊其實是很棘手的課題，而其研究的成果，在我看來也非多見成效，而是好壞參半，優劣互見。因為數位媒體的出現，而把下一代貼上憂鬱、或是危險的標籤，不能說它錯，但是從這角度去做分析卻不是很公允。真正的數位原生代，與其說他們是威脅，倒不如說他們是良機。

從我在西北大學的博士研究中，我學會從社會學角度研究科技的衝擊。我學到，應該要尋找乾淨「獨立的變數」，這樣才能去研究科技對於依賴變數的衝擊。例如，「觀看螢幕時間」就不能算是乾淨的獨立變數，這種分類只限於神經學研究有效（例如，要研究睡前觀看手機螢幕對於睡眠品質的影響）。不然，我不認為「觀看螢幕時間」是做為長期衝擊研究的好變數，雖然時間長度很容易量度。十年後，螢幕會出現在很多東西上，所以，我比較關心的是，小朋友（還有家長）透過螢幕都做了哪些事。要是限制觀看螢幕時間，太一竿子打翻一條船了，當然，那些想要對小孩子行為有目標可管的家長而言，挑「觀看螢幕時間」下手會是很好的對象。

我的經驗告訴我，社會學家通常都很容易被最容易測量的變數誘惑，想以此作研究。可惜的是，在研究新數位媒體的衝擊時，卻沒那麼容易找到獨立變數可供研究。

身為受過社會學訓練的未來學家，我深深希望學者、醫師和專家們，將數位媒體視為跨世代學習的契機以及潛在的危險來研究。可是，很多專家學者權威卻只是一味集中在這些數位媒體的問題和危機上（我同意，的確有很多問題存在）。身為數位新住民的我們（包含我自己在內所有在二〇二〇年超過二十五歲的人，雖然我早在一九七二年就投身研究網際網路），實在有很多地方可以向年輕人學習，像我這樣的數位新住民需要真正的數位原生代教導。沒錯，身為數位新住民，我們當然也有自己的專長可以貢獻，但是我相信我們能夠向數位原生代學習的地方會更多。

孩子們天生就擁有全光譜思考力，但成年人、學校和社會卻用教育、考試、科技和文化，硬逼他們放棄這樣的思維。要是成年人使用全光譜思考力去了解真正的數位原生代，那就更能夠貼近真實的世界。

數位新住民可以貢獻的就是我們的人生智慧。年紀真的有差，隨著我們年紀漸長，可以學著以更深刻的態度來審視事物。年輕不見得就比較厲害，但年長亦然。傳統的世代劃分（如Z世代）太一刀兩斷，不足以了解正在發生的年齡譜系。

基於我們逐漸認識數位原生代，我們提出以下的預測。這是我們最近為南新罕布夏大學所作的預測，預測的內容是二〇三〇年入學的大學生。我們找出未來形塑年輕人最重要的力量，從現在往前推十年，再與全體真正數位原生代與其行為做連結。

## ◆筆者對數位原生代的預測

這些跨越了二〇一〇年轉捩點的年輕人（見圖6.1），是第一波真正的數位原生代。他們在數位化世界的驅力下成長，在職場中，將能用以前世代不曾見識過的方式來使用數位媒體。這些年輕人已經讓我們過去學到的知識、工作方式、以及組織方式出現變革。他們是學習者，但他們的學習方法卻獨樹一格。對於大學或是研究所文憑的價值，他們可能抱持著懷疑的態度（未來十年將會重新清算學位的經濟價值），但是，他們知道自己不會想要揹負學生貸款，蹈父母或其他學生的覆轍。這輩的年輕人，很多都有著研究者琳達．史東（Linda

Stone）所稱的「持續性一心多用」（continuous partial attention），這一點本身有優點也有缺點。往好的方面想，這讓他們可以同時進行數件工作，並一直維持著注意力，按數位新住民的說法，這叫「多工」。相對的，通常一個人同時做的事情越多，也就越難全部都做好。

我認為，數位原生代會和我們有以下的不同之處：

**一、真正的數位原生代會擅長於人類與電腦的合作。**人工智慧、機器學習和機器人等，正快速拓展智能機械的角色，藉以進入人類所有工作的每一個面相。這樣人類與電腦的合作，正在重塑人類學習的方式，改造我們創造價值的方式，以及我們打造生活環境的方式。

像是虛擬助理、軟體機器人（bots）、以及角色化身等等的數位代理人，都會為我們工作，會充分利用每一個人所擁有的龐大數據組合。演算法，是定義電腦代碼處理的規則，已經能夠進行判斷、建議並下決定，管理我們的時間規劃、金錢使用、知識取得以及社交資本。以後，機器人會替我們工作，不只是體力的代勞，也有思想上的代勞，並與人類搭檔進行這類的工作。

這一代的年輕人具有發現並參與人機混合學習社群的能力，因此往往分散在全球的網路之中。上課和受教育的方式會轉型為新型態的學習社群，也會出現新方法來認定這些學習社群的經歷。年輕人也會策略性的面對智能機械，有時是管理這些機械，有時則被這些機械所管理。學習過程中有一部分是如何成為電腦代理人，這些工作者兼學習者需要一方面指揮電腦代理人，一方面也要受到電腦代理人的指揮。

**二、真正的數位原生代會有自己的個人經濟體。**因為將來全球年輕人的失業率依然居高不下，新平台會視工作為「打工經濟」（gig economy），包括顧問、自由接案、Uber 類的工作者、網際網路名人等，越來越多人會依自己的技能組合、資源、以及公開身分來建立個人的經濟體。教育的重要目標會是訓練所有年齡層的人都能夠建立正向、永續的個人經濟體。「教育理想網*」的米爾頓．陳（Milton Chen）就呼籲大家，要個人化「自我教育」（ed-you-cation），讓自己能夠適應工作與學習結合的世界。真正的數位原生代會精通學習

* Edutopia 是一個美國的教育網站，由電影《星際大戰》（Star Wars）系列導演喬治．盧卡斯所創立的「喬治．盧卡斯教育基金會」（George Lucas Educational Foundation, GLEF）於一九九一年創立，目的在於鼓勵美國十二年國教（K-12 schools）進行創新教學。其理念主要有六個核心學習策略：全方位評估、綜合學習、教案式學習、社會與情緒學習、教師發展以及科技結合。

兼賺錢的藝術，而教育機構則會從以收費為基礎的學習提供者，轉成視比例抽成的學習仲介者。困難的是，要如何翻轉工作的即期模型創造個人的事業，或是使用現有平台來行銷個人專技和知識給所需群眾；教育機構則需要重新定義自己的服務內容，以支持這些新的、非制式化的生涯走向。

**三、真正數位原生代會重視未過濾譜系的人口架構。**長久以來，人口分類已經被運用在各種層面，從分眾市場到入學政策等，但是根據年齡、族裔、性別、健康狀態、以及地理位置為類別所做的分眾方式將來都會退場，改由譜系式身分取代，因為未來科學的高解析度將會讓我們看到，即使是最基本的遺傳標記（genetic marker），其所涵蓋的特質也包含了一整個譜系之多，不是簡單如男女、高加索人、非洲人、亞洲人的分類就可以概括。同時，由演算法進行配對的軟體搭配龐大的個人資料庫，保證能夠找出非常符合個人需求的產品、服務和體驗，從而對學習者、工作者、以及組織創造新的期望值，同時也帶來新挑戰。

身分數據的散布創造出一種需求，就是大家都需要創造一個可攜式的學習證書線上資料庫，而這些學習證書則都是從日常生活中即時紀錄下來，存在你的證書資料庫裡的。教育機構屆時應該把握機會身先士卒，來定義這些即時個人證書資料庫應該怎麼記錄、呈現，又該如何獲得認證，同時，教育機構也要創造一個平台，供學習者可以查閱並分享自己的證書資料庫。

困難的是，在成千上萬沒有類別的個人市場中該如何打造具競爭力的個人品牌？除了教育機構要提供累積學習紀錄的服務，雇主面臨的挑戰則是，在國際化、難以分類的人力市場中，如何成為獨具慧眼的伯樂。所以，此時他們的挑戰是要設計出具有預測能力的模型系統，能夠幫他們鎖定符合未來譜系式多樣需求的候選人。組織、機構要從員工─學習者的網路中結合各種召募平台來設計預測系統。

**四、真正的數位原生代能在變形組織中茁壯成長**。數百年來，社會都是以中心化的方式組成，而且往往是由讓社會覺得可以安定、有效、多產、文化上有聚合力的層級式組織所構成。但是，分散的基礎建設很多是建立在分散網路科技上，因此可以讓大家依活動的規模來組織，這會讓其所形成的組織有時比中央化團體的架構小很多，有時則又比其大很多。分散式組織於是逐漸變得精於變形。

在分散運算的時代，如果想要彈性的在多重工作中交雜進行，就必須要把自己想成不一樣的人。同樣的，教育機構也要重新調整組織架構，才能充分利用分散自主式組織以及智能合約（smart contracts），讓這些新工具可以將其任務說明中所載明的價值充分體現出來。

二〇一八年二月，佛羅里達州的帕克蘭市（Parkland）瑪約莉・史托曼・道格拉斯中學（Marjory Stoneman Douglas High School）發生了可怕的校園槍擊案，美國的年輕人非常快速的組織起來呼籲大眾關注，這件事可說是非常鮮明的例證。記者戴夫・考倫（Dave Cullen）當年曾經報導過科倫拜（Columbine）校園槍擊案，這次他也前來報導，並看到這群真正的數位原生代快速自行組織的情形，他這麼描述：

> 艾瑪・龔薩雷茲（Emma González）打給 BS；大衛・霍格（David Hogg）打電話到《美國成年人》（*Adult America*）節目；抗議活動就此展開。卡麥隆・凱斯基（Cameron Kasky）立刻召集一支由話劇社小朋友和一群正在崛起的社會活動者，共同組成一支活潑的樂團，帶他們去他家客廳，就這樣籌組了一場運動。在僥倖逃出瑪約莉・史托曼・道格拉斯中學校園槍擊案的四天後，二十多位勇敢的小朋友宣布這場大膽的「為我們的生命遊行」（March for

Our Lives）活動。一個月後，這次的示威成為美國史上規模第四大的遊行。

另一個非常讓人印象深刻的例子則是葛莉塔・通貝里（Greta Thunberg），這位屬於自閉症譜域的瑞典小女孩，以十五歲的年紀催生一場「週五未來」（Fridays for Future）的全球性運動，希望能夠處理氣候暖化的問題。這場運動發起不到一年，通貝里總共召集了一百萬學生在每週五走出校園，並在達沃斯（Davos）的世界經濟論壇（World Economic Forum）上演講，還被提名諾貝爾和平獎。如果一個真正的數位原生代能這麼快且強力散播這類訊息，那表示世道真的不一樣了。

**五、真正的數位原生代會相信他們主宰著自己的世界。**我們正在使用數位感應器和網路快速改寫我們的星球，還創造出模仿真人和物體的「數位分身」（digital twins）充斥在數位實境。這些數位實境讓我們得以模擬近程和長程的未來，挑戰當前世界，以創造普及的模擬教學（simulation literacy），透過這樣的模擬教學，讓每個人都有能力參與未來的控制系統。

通常，他們這一代會重視體驗勝於物質，所以他們會選擇和人共享、租借、或是認捐訂購的方式，而不喜歡購買、擁有。

模擬教學必須要成為一般教育的核心，而不能只是用在技術專長的訓練上，而且這類教學方式必須要延伸到十二年國教以上的高教去。為了要建造基礎的模擬工具，並且讓雇主共同創造多樣的模擬生涯路徑，教育機構與科技公司之間必須要合作。學習者進入大學的心態也不再一樣，他們會更帶著玩電玩遊戲的心情，他們的專注力主要是受到情緒牽引，而對學習的期待，則是在高級且強烈的交混式實境*（blended-reality）介面的科技支持下前來學習。早期教育性電玩讓人失望的表現，到那時候都已不復存在。

職場模擬則會給上班族新的挑戰，讓他們因此熟練新的學習方式、合作方式、以及管理作業和系統的方式。教育機構在這時就有機會和產業合作，共同在模擬世界中開發出新的職涯道路，此外還有模擬學習服務，這部分可以幫助學生在模擬職場中蓬勃發展。模擬教學會讓組織機構受到衝擊，因此為既有資產和程序開發出數位分身，進而在真實世界中使用這些控制系統。

真正的數位原生代非常擅長全光譜思考力，即使他們的大腦跟我們大家都一樣，也會不斷把事物歸類。真正的數位原生代會挑戰社會秩序。

我拿本章草稿給差異很大的各族群閱讀，請他們表達意見時，常會聽到類似下面的這些問題：「我了解你說年輕人的這些特點，但這應該只限於矽谷吧？」沒錯，矽谷的年輕人享有勝於世上其他地區更好的科技、工具以及網路，但是，話說回來，不論這位年輕人有多窮，就算他連飯都吃不飽，也毫無未來可言，他都可能已經使用過數位媒體了，在十年內，地球上每個角落的人也將享有更好的數位媒體。有錢人家的小孩雖然還是能取得較佳的連線，但到時候，就算是窮人家孩子，也都能夠上網了。只要這些窮孩子不懷憂喪志，這樣的連線就會對他們有非常正面的影響。但要是他們喪失希望，那他們很可能就會被恐怖組織吸收。

未來全球各地很多真正的數位原生代都不會擁有富裕的資產，這一點我在第三章已經提過了。其中部分小朋友將帶著童年未被治癒的創傷，這些童年創傷可能和他們出身微寒有關。近年的研究證實，童年創傷若未獲治療，成年後會導致嚴重身體和心理上的健康問題。「負面童年經驗研究」（Adverse Childhood Experiences, ACE, Study）獲得兩項讓人震驚的

* 譯註：Blended-reality 和 mixed reality 最大的不同是，前者不只是混合使用了多種觀賞介面（像虛擬實境），同時也結合新的輸入科技，所以是輸出介面和輸入技術都混合多種科技。

研究發現：首先，負面童年經驗在美國常見的程度超乎想像，有六成七（等於是三分之二）的研究對象，童年中至少有過一次負面經驗，一成三（八分之一）的研究對象則有四次以上負面童年經驗。其次，負面童年經驗和數種健康問題有直接關連，這表示，小朋友遭遇的負面經驗越多，他們日後罹患心臟病、慢性阻塞肺疾病（COPD）、憂鬱症以及癌症等慢性病的風險就越高。

近來，未來學院在奧斯丁、墨西哥市、柏林、拉哥斯*、吉達*以及重慶等地，針對青年進行一項全球性的研究。我們研究的主題是全球青少年工作和學習技巧，研究發現也符合上面的那段預測，並證明真正的數位原生代，是一種全球化的現象，雖然這些小朋友之間，存在著大型地區和小型地區的各種差異。

二〇一〇年，這個數位原生代邁入成年階段的轉捩點，因受到 iPhone 和 iPad 的問世而產生，這樣的轉捩點可能會再一次因新科技的出現又形成新的轉捩點，並且改變年輕人的神經連結、社會結構和心理狀態。這類的轉捩點只在事後回顧才會發現，但我的推測是，等將來回頭看二〇二〇年時，會發現這一年也是另一個轉捩點，因為新的虛擬、混合、擴增以及交混實境等媒體，在這時變得更容易運用，價位也更親民了。在這樣交混實境下成長的年輕人，會變得又更不同於上述的真正數位原生代，但目前還無法確知是怎樣的不同。下一次的轉捩點則可能是「延展實境原生代」（XR natives），以這一代人具有在不同電腦實境中移動的超能力而命名。

隨著真正數位原生代邁入成年，這些未來力量將會形塑他們，所以我要以這一章做為本書後續所有章節的出發點。真正的數位原生代將會創造未來，要了解他們，並和他們一起工作，需要擁有廣域譜系的思維。

真正的數位原生代不願意受到類別的窄化（他們之中有很多人都已經具備全光譜思考力了），一般人常把他們通稱為Z世代（Gen Z）也過於籠統。要正確描述真正的數位原生代，應該說他們是一個譜系而不是一個類別或是一群人。把一整個世代全概括為一類，本來就一直很具爭議性，而要把真正數位原生代全裝在同一個籃子裡，更是完全不到位。這群人彼此的差異非常之大，而且還擁有改變世界的潛力，光是現在，一些精通電腦、數位的年輕人就

＊譯註：Lagos，位於奈及利亞。eddah，位於沙烏地阿拉伯。

已經完全不需傳統的上下班打卡，只靠著工作平台接案就賺錢過上好日子了。真正的數位原生代對於工作和生活選項有著譜系式的見解，而不光只是分成有工作和沒工作兩種選項。這些人當中的佼佼者，更可能完全不用上班，卻享受著非常舒適的生活。

最早的一群數位原生代目前正陸續走進職場，他們將會改變我們的世界。我對真正的數位原生代非常樂觀，只要他們也懷抱對未來的希望即可。

# 第三部 廣域譜系給未來更多新運用

機構組織——尤其是企業，但也包括非營利機構、政府部門、以及軍隊——將來一定會越來越被要求具有全光譜思考力和全光譜領導統馭能力。領導人如果堅持還是用陳舊的類別、篩選方式來評量新經驗的話，一定會面臨不必要且不斷增加的風險。

所幸，創新的譜系目前已經問世了，全光譜思考力將在未來成為常態。

本書第三部要介紹五種企業和社會價值新譜系，這些譜系目前已經出現，但在未來十年它們將會更為普及。在未來，產品會轉型為服務、認捐訂購以及體驗。公司組織圖則會變成動態的，我們現在稱為人力資源的領域，則會變形為人力運算資源（Human-Computing Resources, HCR），其功能會是將人、運算以及機器人做強力的結合，這會成為日後職場的主流。多元化將和創新息息相關，全新的且有意義的譜系也會成為可能。

現在才要起步跟上這波改變已經太遲了，但要偷吃步、繞捷徑，倒是大好時機。以下幾章會逐步揭露這個轉變。

該如何為這些次世代全光譜的創新命名？我們怎麼想像未來的能力，對於未來的命名會產生很大的影響，要是用對名稱，就能帶我們走向那個正確的未來。「網際網路」和「全球資訊網」（World Wide Web）的用字就是那麼巧妙，因此帶領我們走向那樣的未來。「人工智慧」在描述未來遠景方面則是我一生研究過最差的用字，「人工智慧」的名稱就像瞎子摸象，因為無知，隨便沾到一個現成的就草率命名，結果造成人們對於被電腦取代、甚至可能被電腦反撲的恐慌。

名字取錯，就是和未來過不去。現在，我們經常被困在「永恆的當下」，神經學研究指出，這是因為大腦喜歡現況的安適感。用老掉牙的字眼形容舊類別，就限制住對未來的想像。全光譜思考力則會帶領我們邁向未來，要是真的無法一步到位採用全光譜思維，那就需要廣域譜系的思維。理想的未來會聰明的結合慎思分類和訓練有素的全光譜思考力，儘管周遭世界依然被類別所綁架、使用著偏愛分類的落伍工具，有些人已經在練習全光譜思考力了。

在描述未來的經典電影《駭客任務》（*The Matrix*）中，主角尼歐的心腹大患是一個居心叵測的運算環境，這個運算環境似乎無所不知、卻依然受到各種規則和類別束縛。尼歐以人類的身軀，在電腦的強化下，憑著全光譜思力，將之運用在身體和心靈世界中，搭配數位工具，克服在片中的遭遇困境。很關鍵的一幕是，尼歐去拜見名為祭師（Oracle）的智者，在等候區，他看到一群小朋友正用念力折彎眼前的湯匙，這群小朋友似乎都在接受訓練，準備接替祭師的工作。其中一名小朋友給了尼歐這樣的建議：

別只想著要折彎湯匙，
沒有這種事。
只要想著參透真相……
沒有湯匙（語氣加重）。
那你就會發現
折彎的不是湯匙，
而是你自己。

這段話的要義是：要把手中的東西當作湯匙沒關係，但事實上並沒有湯匙這個東西，就跟沒有類別、標籤、框架或是格子一樣。真相是，其實生活體驗原本就是一個譜系，但是我們卻將之分門別類，目的是為了要加以了解，這些類別其實都是我們自己想像出來的，而且也不精確，只是稍微接近真相而已，只有在譜系裡的那些體驗才是真的。類別本身並不會變動，我們被迫要改變自己去牽就類別。然而，全光譜思考力解放自己免受類別的桎梏。

當然，有些人和有些功能都已經在進行深度的全光譜思考，這些人或功能有部分則具備複雜的數位工具支援。例如，我有位朋友是戰鬥機飛行員，他說在飛行時必須訓練大腦同時處理好幾件事，不能一樣一樣來，他必須要一心多用，同時想很多事情，並計算著各種不同譜系的可能性，要讓自己在瞬息萬變、多維度電腦強化的世界裡為飛行做好萬全準備，一切靠的就是在腦海中演練。每一次飛行，飛行員都要不停掃描成千上百的數據點、高度掃描、航道、領空等，飛行中永遠有事情要處理，飛機速度太快，所以處理每件事的時間都很短。

其他在軍中擔任飛行員的朋友為我進一步說明，戰鬥機飛行員都受過以時間表為導向和工作清單為導向兩種方式的訓練，但他們會讓自己非常有彈性的在這個基礎上操作飛機，並進一步不斷練習到讓自己具有肌肉記憶和習慣記憶。這種訓練，讓他們具有快速反應的能力，有時候根本是想都不用想的。成功的戰鬥機飛行員號稱擁有「五百節速的大腦」。

相對的，比起戰鬥機飛行員，直升機飛行員不必像飛噴射戰鬥機飛行員那樣為了適應速度必須迅速做出決定，但他們需要的是另一種的靈敏度。成功的直升機飛行員則號稱擁有「五十節速的大腦」。

我很同意，因為我自己以前是打美式足球的，但我相信，即使是直升機飛行員，他們面對問題時，反應的速度還是比我這足球員狀況最好時來得快。隨著新興的數位工具問世，會有越來越多的人擁有五百節速的大腦，這讓我們可以了解全譜系的未來。這些工具可以幫助我們找到新的模式和新的清晰度。

當然，也有其他專業人士所面臨的全光譜挑戰，不是靠工作清單就足以應付的，像急診室醫生就是這樣。在未來的混雜世界中，會有更多的人需要具備這樣的能力。儘管過度簡化分類，或是草率分類，其威脅還是存在，但既然，遊戲速度不能變慢，自己就要儘量做好準備。

未來會逼我們學會仔細分類，而且只有在考慮過各種可能性後才下決定。所幸，新興的工具能造福多數人，只有少數人無法受惠。全光譜思考力帶來的多半是好消息，但也有壞消息，本書之後也會提到。

在這樣的混雜環境中，組織必須要快速做出改變。組織圖會變成動態且不斷變形，領導人會遇到不必要且越來越多的危險，但只要他們不要陷入窠臼，硬把新的機會或是風險塞入不再管用的舊類別中，這樣的危機其實可以避免。

或許是機緣巧合，新工具剛好也問世了，有助於拋棄過濾生活經驗所用的舊類別、標籤、窠臼、框架。這些經驗，有的是威脅，有的則是良機。即使未來難以預測，但我們也不能任憑自己盲目的把未來塞進舊框架裡。分門別類既是尋找相同的同類，也是排斥不相同的異類，將未來刻板化的套入舊類別中會成為非常危險的作法。若是全光譜的去接納，將有助組織機構了解：想要創新，就不得不擁抱多樣性。

未來，全光譜思考力將幫助人們，避免不假思索的按照陳腐老舊的類別、框架、窠臼、典章、刻板印象、或是大帽子給別人或是經驗貼標籤。全光譜思考力，會在科技的加持下，成為二元對立的最佳解方。

## 優先考量的問題

從個人的角度，你會怎麼在日常生活、個人志業、理解世界方面，探索並運用全光譜思考力呢？對於新生活型態、思維與舊習慣之間的取捨，你會怎麼安排？

從組織機構的角度，在你的企業模型、組織架構、以及人力運算資源中怎麼設計置入全光譜思考力的原型？要怎麼刺激並發展創新與多樣性之間的連結？

從社會的角度，要怎麼刺激並規劃法規原型，以便鼓勵對於未來多種可能性的廣域思考，並減輕對於不合社會常規的刻板化印象？

第七章
企業與社會價值的廣域譜系
在後類別、分散式管理的未來運作

有天，一名在矽谷工作的年輕工程師被資訊總監叫進辦公室，告訴他，公司要發給他一筆績效獎金，金額高達十萬美金，是有史以來公司發過最高的個人獎金。走出辦公室，工程師喜出望外，因為，這麼高額的獎金，即使在矽谷的黃金年代也不曾聽說。

總監告訴年輕工程師，之所以發給他這筆獎金，是希望年輕人能夠長久待在公司上班，所以，這筆獎金希望能做為年輕人在矽谷置產的頭期款，或者拿去買輛特斯拉高級電動車之類的。

隔週，週一一早，年輕人去見總監表達他的謝意，並說自己打算用這筆獎金到歐洲當背包客自助旅行，所以他要辭職了。他說，等他回美國後，希望還有機會再回公司上班，他真的很感恩能拿到這筆獎金。

總監怎麼也想不到他會這麼說，但繼而就想通了，對這位年輕人而言，當背包客自助旅行的經驗遠比獎金所能換到、物質上的資產或車子都要珍貴。

未來十年，當真正的數位原生代邁入成年，開始在職場上擔任主管或老闆後，這種經驗勝於物質的態度會更普遍。第六章中我已經談過，數位原生代往往視經驗重於物質。這個世代的人，對於擁有事物本身的價值會抱持懷疑的態度，他們很懂得利用共享經濟來滿足自己，只是現在還不知道，這種重經驗輕物質的心態會普及得多快。

未來經營企業最能營利的方式，將是提供改造服務和經驗，對象是購物者以及社會整體，而不只是販賣產品。產品當然還是這些營利的基礎，但產品會逐漸被商品化、一致化，而最獲利的企業，將是把產品放進具吸引力的體驗的公司。人們心態會慢慢轉變，對什麼是自己想擁有的、以及自己想要使用的做出明顯區別，並在選擇時非常慎重，不再衝動購物。

這種從物品改為服務的轉變，目前不只出現在消費性商品上，即使在企業界之間也都已經出現。

二〇一六年秋天，我在華盛頓首府的企業總裁座談會上演講，認識當時擔任聯合租賃

（United Rentals）的總裁麥可．尼蘭（Michael Kneeland）。聯合租賃是全球最大的設備租賃公司，當時我對於設備租賃這行業一無所知，老實說，當時我甚至不認為這行業值得關注，或是有任何未來遠景。但從那之後我對這行業的態度有了大幅轉變，其實，設備租賃正反映未來的趨勢，聯合租賃在這方面走得比其他同業都要前面。聯合租賃懂得如何提供服務，讓有需要使用複雜精密器械的人可以只租不買。

## ◆ 哪些東西可以只租不買？

想想在一些建築工地上，地面都會鋪設大型鋼板，每次車子開過鋼板都會鏗鏘作響，但沒有這些鋼板覆蓋下面的施工大洞，車輛就無法通行。這些鋼板體型巨大，造價昂貴，又不容易搬運鋪設，當然一般人更用不著，也不會想買來放在家裡，但是一旦要開挖工地，那就不可或缺了。大型工地鋼板就是完美的租賃物件，但這只是租賃設備中的小 case。

聯合租賃公司出租的設備包括空氣壓縮機、剪刀式高空作業平台、高空作業車、移動式大型照明塔、挖土機、堆高積、移動式發電機、移動式發熱機、垂直堆高機、鋤耕機、迷你挖土機、電焊還有其他各種大型機械設施，美國大多數的大型工地裡都可以看到聯合租賃的設備。這些設備，在建築工事上至關重要，但一旦完工後，誰會想要在家裡擺一台堆高機或是迷你挖土機？建築設備用租的比用買的更合理，因為堆高機這些大型機械只有蓋房子時會用到，有句老話說，不管大家去買鑽孔機或是鑽頭，其實是想要買一個洞。

到了技能純熟的司機或工人手中，聯合租賃出租的這些大型設備可以完成出色的任務，但在缺乏經驗的人手中卻可能造成危險。工安本身值很多錢，這是除了設備本身的功能以外也很重要的事。聯合租賃除了出租設備，也提供包含使用設備的方式以及各種配套方案，以利租借者使用，他們提供譜系式多樣的產品服務，還有各種你可能用得著、但卻不需要擁有或不想自己操作的產品經驗。聯合租賃也會幫你訓練好設備操作員，或是提供操作員來幫你操作租用的設備。更重要的則是安全服務，因為這些出借的設備都很大型，有潛在危險，所以這非常重要。

聯合租賃目前的重心放在培訓未來的營造工人，這部分肯定會是人力和機器人力資源的結合。聯合租賃和美軍關係良好，一直以來捐了很多大型的外骨骼供受傷的戰士使用。現在，該公司正在使用外骨骼技術來裝配超能力的建築工人。同樣，重點不只是在提供產品，還包括提供服務和體驗，目的是要把這些重要工作做得好、做得快、而且做得安全。這些獲得科技加持的營造工人，是擁有驚人能力和彈性的生物機器人（cyborg）。聯合租賃因此成為服務業，其他的產業日後也會從它們這樣的創新中學到寶貴的經驗。

## ◆從提供產品轉為提供體驗

過去近十年來，我一直在一般人稱為藝電大學（EA University）的紅木海灘藝電（Electronic Arts, Redwood Shores, EARS）授課，該公司是全世界最大型的電玩遊戲發行商，課堂上我的學生都是正在崛起的業界領導人，我協助他們在新興的未來世界中找到成功的契機。

我剛開始在藝電大學任教時，他們聘用一位我在寶僑實業時服務的客戶，這位客戶先前在寶僑負責接洽沃爾瑪（Walmart）的通路。沃爾瑪不只是寶僑最大的下游客戶之一，同時它也是藝電最大的客戶之一。藝電從寶僑挖角我的一位前客戶道格．鮑瑟（Doug Bowser），因為他知道怎麼和沃爾瑪做生意，雖然藝電本身賣的是電玩遊戲，不是消費性商品。

十年前，藝電的電玩遊戲多半採盒裝，並放在像沃爾瑪這類的零售通路販售，但現在，藝電的電玩商品則是在線上、透過訂閱服務銷售給玩家，所以，他們不再只是賣盒裝電玩遊戲，而是將整體的電玩體驗傳送給玩家。對於遊戲玩家和藝電而言，這因此讓價值的譜系增加，比如說，電玩遊戲中的角色現在也是藝電和其他電玩公司收入中很重要的一部分來源。這樣一來，玩家不再只是買一款遊戲，而是加入會員後，能夠持續擁有電玩體驗。道格・鮑瑟目前已經是美國任天堂公司的首席營運長兼董事長了。

未來十年，大半公司都會轉變為提供服務和體驗，只有這樣才能創造合理營收。像是資訊科技、運輸、零售、衛生保健以及房地產等行業，都會學習今天聯合租賃和藝電的企業經營模式，即使是非常傳統的產業，也會出現大幅轉變。

我十六歲時住在伊利諾州鄉下，當時一心只想趕快考到駕照，擁有一台屬於自己的車。那時的我以為自己想要的是一台車，但現在回想起來，其實我那時只是想要感受開車的體驗，享受被人看到開車的感覺。但對現在的十六歲年輕人而言，他們要的不是「車子」，而是能夠來去自如的方式。這樣的話，又何必要擁有一輛車呢？

我在未來學院的這幾年，幾乎全美的汽車製造商都和我們合作過。汽車工業是全球經濟命脈，其組裝生產線牽連很多產業的生產史。幾年前，我注意到，找上未來學院的汽車製造商都開始自稱是「移動服務」的提供者，而不再自稱是汽車製造商。隨著機動車產業發展，汽車製造商的目標一直是賣輛車給每個人，或至少每個家庭都賣一輛。汽車的擁有率很高，但一直到近年，汽車的共有率卻很低，未來，當能夠賣的對象都已經賣過以後，汽車將會變成既廣為人所擁有，也廣為人所分享。汽車分享服務——Uber、來福車（Lyft）等——都是這類移動服務的原型，隨著汽車產品演化為移動服務，這些移動服務都會實現。

喬（約瑟夫）．潘恩（Joe Pine）和吉姆（詹姆斯）．吉爾摩（Jim Gilmore）在一九九九年出版《體驗經濟時代》（*The Experience Economy*）時，可說是具有先見之明，他們在書中主張，整體經濟會從產品移往服務、再移往體驗。他們舉迪士尼和合瑪克（Hallmark）保養品公司為例，這兩例即使在當時都讓人非常信服。現在，潘恩和吉爾摩原本稱為「體驗經濟」的作法終於襲捲全球，姑且不論體驗經濟現在叫什麼，它包含一連串的價值，讓個人到組織都因此經歷改造。

亞馬遜一直是加速商品化的主要變革催生者。因為該公司的作法，讓其他公司也變得越來越難只靠賣產品營利。簡單的線上購物行為造就商品嚴重的競價壓力，凡是能商品化的產品都被商品化了，但如果產品只靠削價競爭，那毛利就會變得很低，要是完全沒有毛利可圖，產品數量規模再大都無助於營收。稍後第八章我會再細談，經濟規模會受制於組織的經濟體。公司如何依營利和永續程度來組織運作，左右了公司的型態。

產品可以被商品化，但服務和體驗或是改造卻很難，有時甚至完全無法被商品化。同時，服務和體驗的毛利，永遠比光是賣產品來得高上許多。

另外，販售服務和體驗的線上基礎設備，現在越來越強大了。企業因此會遇到挑戰，必須要提供更多樣關連性的等值選擇，因為到時候會越來越難光只靠賣產品就能獲利。

## ◆從體驗轉為改造

改造，可以發生在個人，也可以發生在組織身上。整體經濟的轉移會從原物料到產品、再到服務、再到經濟、最後到個人改造。目前，只靠賣產品已經越來越難賺到錢了，最成功的公司會創造讓人難忘的體驗，促成個人或組織改造。

在潘恩和吉爾摩《體驗經濟時代》一書中，他們引華特．迪士尼世界（Walt Disney World）為體驗經濟的主要案例。我最早和奧蘭多市華特．迪士尼世界的約翰．派傑特（John Padgett）合作時，他在該樂園研發「魔法手環」（Magic Band）的團隊中，那時樂園發給我一款叫作「米奇好朋友」（Pal Mickey）的玩具，這個玩具鼻子上有感應器，會告訴我現在玩到迪士尼世界中的哪一區。

「米奇好朋友」還會告訴我哪邊排的隊比較短，並建議我哪裡比較好玩，另外它也會講一些事先錄好的笑話。「米奇好朋友」這款設計並沒有很成功，但它並非不具意義，因為有它，才能催生出現在大家熟知的「魔法手環」這款更俐落的產品，拜這個手環之賜，整座迪士尼世界化身為一部巨型電腦，提供來賓更輕便、深刻的遊園體驗。

遊輪產業目前也開始學習主題遊樂園的作法。約翰．派傑特後來被人從迪士尼世界挖角到嘉年華遊輪集團（Carnival Corporation），成為該公司的首席創新與體驗長，在他的帶領下，這個團隊創造全球第一艘數位遊輪。迪士尼世界的員工階級分明，但嘉年華遊輪集團的員工則要較扁平化，派傑特的團隊將迪士尼世界那種隨時隨地都提供遊客體驗的服務帶上遊輪，遊輪環境讓他們提供的服務和體驗比主題樂園來得更聚焦。

開船前，他們會先請遊客提供個人、家人的資訊，還有隨他們意願提供個人偏好，這可以讓遊輪為他們帶來更興奮的個人化體驗，所有遊客的個人偏好都會被編成數位碼載入一枚徽章，讓他們在船上隨身攜帶。徽章可以戴在脖子上、或是手腕上、或者埋進遊輪上販售的首飾裡。

公主號遊輪勳章假期（MedallionClass Princess Cruise）的甲板上每十英尺就安置有感應器，整艘巨型遊輪就此化身為巨型電腦，只差這部電腦長得像遊輪，然後可以航行於七大洋。只要你願意在上船前提供個人資訊，一旦遊客在船上戴上徽章，個人化且客製化的服務和體驗就會降臨。例如，進自己的房間就不必再拿鑰匙了，用餐或喝飲料、進禮品店購物、或在賭場賭博，也都不必再帶信用卡。遊客會由海洋羅盤的帶引，隨時在船上獲得資訊（這艘船實在太大，因此有這樣設備的確很有幫助）。互動式的時間表可以隨遊客上下滾動，以查閱現在船上有什麼活動可以參加，這些活動也會視遊客在船上的位置呈現。

遊客在船上不只可以購物，他們換來的還有體驗。最佳遊輪賣的是讓家庭或個人事後擁有煥然一新的體驗，這種體驗之美好，會讓遊客完全忘記自己花了多少錢。遊客買的是整體的體驗，這種體驗越是個人化，他所感受到的服務變化就越多，而且他們也就越願意多付費，試想讓一家人終生難忘的遊輪之旅，這樣的體驗要多少錢才能換到？成功的體驗更是難以複製。在船上，種種的遊輪體驗都可以看到定價，依其不同的服務和產品組合，視遊客的意願自行購買。只要遊客的需求首重體驗，那高獲利的體驗可以包含許多低獲利的產品。

約翰．派傑特描述嘉年華遊輪集團為遊客所打造的目標是：

我們非常清楚的專注在提供遊客更多他們所喜愛的事物上，並移除他們不愛的。我們希望為遊客客製化體驗，中間錯綜複雜的產製過程則由我們自行吸收，我們只求為遊客提供個人化、無縫、沉浸式的體驗。

早年，迪士尼樂園（Disneyland）和華特．迪士尼世界成立時會把「台前」「台後」分得非常清楚，希望藉此能夠營造出遊客的最佳體驗。但現在，因為採用高度數位化與樂園或遊輪連結，後台在進行什麼幾乎無法逃過遊客的注意。這樣的數位連線，創造一種給遊客自由選擇的環境，讓每位遊客都可以覺得自己擁有掌控權，可以看到或體驗到什麼。大家都不想要隱私遭受侵犯的感覺，選擇遊輪就比較容易做到這點，因為這裡可以選擇要吐露多少個人資料和喜好，當然，揭露的個人資料越多，在船上的體驗就越豐富。華特・迪士尼世界和嘉年華遊輪集團都把我口中的全光譜思考力放進其企業銷售模式中提供給客戶。

## ◆為什麼不訂閱產品？

「祖睿」（Zuora）這個全球最大訂閱管理平台的創辦人兼總裁左軒霆（Tien Tzuo，前Salesforce員工），在他的著作《訂閱經濟》（*Subscribed*）中，點出從產品經濟到新的訂閱經濟的這波變化。祖睿平台信奉「所有權時代已經結束」，它們的論點是「純產品經濟的時代已經來到為期一二〇年周期的尾聲，全球正走向服務經濟」。當然，還是有人擁有產品，但由誰擁有產品卻會產生劇烈的轉變。

左軒霆預測，會有以下幾項重要轉變：

- 定價：從銷售額轉向價值定價。
- 行銷：從品牌轉向體驗。
- 銷售：從銷售產品轉向銷售成果。

● 財務：從單位邊際收益轉向銷費者終生價值。
● 文化：從暢銷產品轉向深耕關係。

這和潘恩和吉爾摩二十年前的預測不謀而合。訂閱經濟提供基礎建設，體驗經濟得以實現。未來十年，體驗經濟會成為可以普及且長久的手法。同時，也會成為許多行業面臨改變的關鍵原因。

我喜歡左軒霆在書中講述的一段故事。吉他製造商 Fender（芬德）使用祖睿創造了一款認捐服務，目的是要讓樂迷可以享受終生都能彈吉他的服務。多年前我在讀研究所時，買了畢生的第一把吉他，當時我錢不多，但 Fender 這個品牌大名鼎鼎，我也有耳聞，而且非常喜愛該品牌。現在我也還有一把 Fender 十二弦吉他，但我的作法是買下吉他，而不是選擇認捐吉他服務。我對 Fender 這個品牌的忠誠度相當高，不僅始終鍾愛這品牌，也對自己能買下 Fender 吉他頗為自豪，可是我的忠誠度並沒有帶給該公司太多的益處，除了很久以前那次消費行動。

Fender 後來發現，很多人買下人生第一把吉他之後，卻再也沒花心思學會怎麼彈吉他，很多人買來彈了幾個月後，就把吉他擱在一旁，與其如此，何不給消費者另一個選擇，不需非買吉他不可，而用認捐的方式，享有吉他玩家服務？對吉他初學者而言，他們只要學會怎麼為吉他調音，並學會最簡單的幾個和弦的彈法；對於技術較高的演奏者，這項服務則可以提供更多的選項，還能幫他與其他知音、同樣技術等級以及同樣抱持學習熱忱的吉他演奏者建立連結，促進交流。這麼一來，買吉他可以是一連串吉他彈奏體驗中的第一步。Fender 吉他公司所提供的產品價值，是持續不斷的價值，就跟吉他演奏者的體驗一樣，會不斷成長，而不是一次性買斷。吉他演奏因此可以成為持續一輩子、個人提升的體驗。如今，這樣的體驗已經被 Fender 品牌化了。

二〇一九年六月九日星期日，《紐約時報》「週日風」版上以頭條方式報導一則關於美國都會青年對於住家的態度，許多人選擇只租不買的方式：

讓我們「訂閱」那套沙發：零擁有成為一種奢華，租賃新創公司開創新局。

照片中可見標題所述那位時髦的年輕女性坐在洛杉磯家中，身邊是她租來的沙發、咖啡桌、襯衫、洋裝、夾克、檯燈還有床架。人們漸漸可以選擇（而不只是做白日夢）什麼是自己真正想擁有的，還是只是用想的。新型態的服務、訂購認捐租賃以及體驗，都會讓他們的選項範圍擴大。

聯合租賃的作法也和這兩家公司類似。他們會給客戶遠程信息處理（telematics）裝置，讓他們可以將之安裝在自己的器材上，這樣，客戶即使沒有從聯合租賃租任何東西，也可以享用到同樣的聯合租賃體驗。

「祖睿」的問世透露出一絲端倪，讓我們看到以訂閱為基礎的未來其實已經到來，只是，目前還不是分布得很平均。像「祖睿」這類的平台，具有推動對於產品、服務和訂閱之間全光譜思考的潛力，打破三者之間的界線。這類平台，其實點出可以一方面作生意，一方面提供媒體，讓生意活絡的新方向。

矽谷公司美商派樂騰健康科技（Peloton）靠著將家用運動器材轉變為個人改造體驗，開創了新局：

派樂騰健康科技從不自認是屬於運動健身產業，因為這產業是競爭太過激烈的紅海。約翰．佛利（John Foley）所帶領的員工自認為公司是屬於提供健身體驗行業，這不僅很獨特，也讓他們拉出了市場區隔。派樂騰同時也將自己定位為屬於培養人際情感的產業，也就是說，消費者在這裡認識教練以後，可以進一步成為彼此生活的一部分。隨著俱樂部會員和其他一起上飛輪課的會員各自在家裡踩著飛輪，看著線上遠距飛輪直播課程時，派樂騰賣的不只是飛輪課，而是提供會員運動的動力，以及直播飛輪課所帶來的活力。同時，這也讓派樂騰得以搜集各類的數據，讓他們的服務不斷獲得提升。

派樂騰跟一般飛輪製造商不同，他們不單單只是靠賣飛輪營利，他們採用吉利刮鬍刀公司（Gillette）推廣的「剃刀與刀片」搭售模式，不只賣飛輪業的「剃刀」（飛輪），也賣飛輪業的「刀片」（訂購每月線上課程，外加一系列對忠實觀眾所開發的新收益來源）。月訂閱模型除了讓用戶可以獲得線上飛輪課程以外，也獲得其他課程，包括重量訓練、伸展、以及高強度的間歇訓練等。

一九七九年，我在在舊金山買下第一台居家健身腳踏車時，還得透過一家拳擊館向廠商訂購，才能買到真正高品質的健身腳踏車。現在，零售店已經陳列高品質健身腳踏車了，派樂騰公司則是轉換模式，讓消費訂購高品質的運動體驗，只是剛好體驗也附贈了腳踏車而已。不管派樂騰最後是否經營成功，他們的作法，已經讓我們嗅到未來的樣子。

像這樣的企業服務會加速體驗經濟的擴展速度，還會被分散式管理網路壯大聲勢。例如，現在的區塊鏈將會在未來提供各種不同價值的產品，並且結合金錢、科技、身分認同。未來學院預測區塊鏈於二〇一七年完成，遠眺二〇二七年的發展趨勢，我們點出三波從現金到運算、再到共享的改變。每一種改變，都會刺激新的運用空間出現，讓新的營運方式得以成形。

## ◆找到自己組織的機會區間

以下是想出新服務、訂閱認捐租賃、以及改造體驗幾個可以探索的創新區間。當中我添加幾道問題，請讀者問自己，所屬的組織所可以提供哪些一系列的價值。

**十年後，你要怎麼追蹤身分憑證以及驗證方式，不但減少矛盾衝突，還增加你所提供的價值？**這裡的關鍵問題在於，「誰」擁有「哪些」數據。人們會越來越在意個人數據，也會想知道誰會拿這些數據來對他們不利。這些顧慮可以成為一個商機，只要有公司想出辦法，讓價值與個人數據做連結。更好的作法則是讓消費者可以自行決定個人數據。

**你會如何透過創造新的價值譜系，讓現在已持有、但未使用的資產轉成獲利項目？**在我與寶僑實業的創意大師卡爾．朗恩（Karl Ronn）合寫的著作《互惠優勢》（*The Reciprocity Advantage*）中，我們介紹數種企業可以將少用的資產送出與他人結盟，以共同創造出新的營利項目，可彌補雙方所無法單獨創造的項目。分散式運算將會提供企業在互惠基礎上的創新，以提供雙方許多出色的新契機。關鍵是，在新的商機區間裡，哪些項目是你可以超前合作夥伴的部分，又有哪些資產是你少用、且可以用來放在新商機中做為創新和成長的基礎。

**你和競爭者如何靠著確保供應網路或其他紀錄，在送抵客戶端的過程中未被篡改，藉此成為新的服務價值？**信任是一切的基礎，在這些新系統中，首重獲得信任，並提高自己的可信賴度。我們預期到會有新的譜系式服務，可以幫助客戶管理自己的數位身分，以有助增添價值和降低風險。對共有監管歷史擁有透明存取的機制，能否讓你信任合作夥伴？區塊鏈和其他分散平台會提供新的追蹤方式，並且查證交易歷史，這些系統有減少風險的能力，並將可信的運算帶進低信任度的環境中。這方面未來的發展方向是，透過分散式、不可篡改的帳本，讓交易具有持續且可信任的紀錄。

**你能夠藉由利用新數位智慧合約的能力，降低對於可信任第三方的需求嗎？**誠實和信任會在分散式運算的環境中自動化，但目前還不知道走到這一步要多久，也不清楚系統中會有多少內建的誠實和信任。目前，期望和現實之間還是有拉扯和落差，不過，在未來十年間，這問題會獲得解決，程度遠超過我們現在的預測。

## ◆下一步會如何？

分散式自主組織（distributed autonomous organizations, DAOs）在未來十年間將會實現，目前所無法預測的則是，不知道這種組織會有多成功、成長得多快？所謂的分散式自主組織即是，公司由演算法所持有且營運，不同於傳統公司由一人或多人所持有和營運，在分散式自主組織中，管理權責分散於不同數位資源的同一網路之上。

想像有數部大型電腦自己擁有自己，將自己租出去，再聘請人類來維修自己——為什麼這些電腦或是客戶會需要聯合租賃呢？針對這個問題，聯合租賃有很好的答案：讓客戶達到想要成果的個人服務、安全以及生產力。聯合租賃提供客戶所重視的整體服務。

未來，你的企業有部分是可以交由分散式自主組織成功管理的嗎？有哪些產業會受到這種挑戰衝擊，而難以存活呢？

一些像是Uber之類即時媒合的服務，可能會演變成差異很大的網路移動設備，例如由分散式管理連線來連結乘客和車輛，車輛的調派則是由演算法效率（algorithmic efficiency）來執行。到時候，由人類帶領的公司能夠提供什麼樣的額外價值呢？在我看來，答案並不那麼明顯易見。

數位網路會讓營收毛利降低，許多產品會被迫成為低或零毛利的商品。這也會催生出全新商機的譜系，成為能夠賺取更高毛利，以提供服務、訂購認捐共享、體驗、以及個人或組織改造為主的營業模式。將來會出現新的個人、組織機構以及社會等的價值多樣譜系，這點是可以預期的。對於個人而言，體驗會讓價值增加。對組織而言，要準備面臨改變，產品會轉變為體驗，再轉變為個人改造。對社會和文化而言，共享資產（像是水和空氣品質）會更明確的成為商品。

# 階級制度的廣域譜系

## 新動態組織圖

九一一恐怖攻擊的前一週，我和一群德勤（Deloitte）的資深合夥人一同獲邀前往戰爭學院（Army War College）三天，並在蓋茨堡戰場（Gettysburg Battlefield）討論未來的戰略與領導統馭。這是我第一次來到位於賓州卡利索（Carlisle）的美國戰爭學院研究所。

年輕時，我對軍事方面涉獵有限（僅在我還念大學時，在伊利諾大學上過一年的預備役軍官訓練），因此一開始我對戰爭學院並不抱太高的期望。我原本以為，美國陸軍應該會是階級嚴明、死板的指揮與控制。

但事實卻讓我大吃一驚，那三天的戰術課程對我有如當頭棒喝，我對美國陸軍的看法澈底錯了。部分美國陸軍還是階級嚴明，但我後來了解到，其程度卻不如我想像，美國陸軍現在已經在各個組織中，建立了多譜系組成的階級。美國陸軍已經在建立未來軍中階級的原型，在將來，他們的階級將不再會是靜態，而是動態的。指揮與控制只有在可預期的、變動緩慢的環境中有效，但在目前，這樣的環境已經很少見了。

## ◆指揮與控制以外

美國陸軍現在不太使用舊式的指揮與控制，而是採用所謂「指揮官的意圖」、「任務指令」（mission command）、「彈性指令」（flexive command）。賓州大學華頓商學院（Wharton Business school）教授邁可．烏辛姆（Michael Useem）說明「指揮官意圖」是：指揮官不告訴下屬「該怎麼做」，但他會以堅定的態度告訴下屬「什麼目的」。「任務指令」也一樣，但是彈性更大：衡諸當前的策略、行動和戰術狀態，該如何下達指令？方向要非常明確，但執行要極具彈性。階級制度雖然還存在，卻不固定，舊式的階級現在已經不再管用，因為外在世界變動得很快，而且這一點不只適用於軍中。

其中一個最新的詞彙，是我個人最喜歡的、但卻不見得廣為外界所使用的，那就是「彈性指令」，它要求領導者對於指令目標非常明確，但是對於該如何到達那個目標則要保持高度彈性。戰情分析（即對環境、前後關係以及變動非常清楚）在這種情形下很重要，這樣才能持續評估成員中，在什麼時刻、誰處在最佳決策位置上，該由他做哪些決策？

在陸軍的朋友已經跟我說過很多次，美國陸軍對於指揮與控制系統的改革始於越戰。他們說，越戰期間指揮與控制的階級方式，始終無法運作得很好，讓美軍體認到，戰事的不對稱性和不可預期性已經遠遠超過往昔。不對稱的叢林戰事，要求不對稱的組織方式來作戰。

從對稱戰（從前敵軍會穿制服，依合乎人道的作戰方式交戰）到不對稱戰（無組織的游擊戰事成為常態），這樣新的轉變始於越戰，但現在已經變得越來越複雜。從此之後，美國陸軍經歷一條漫長而複雜的變革之路，逐漸發展出各種新型態的階級制度。

「指揮官意圖」一開始是由美軍發展出來的，目前則在各種不同的機構組織中都可以看到。例如在第七章中，我說過有許多不同型式的公司，目前正從產品銷售轉型為服務和體驗銷售。這些公司其實都各自擁有類似「指揮官意圖」的迫切需要，只差他們不會使用軍事術語。

## ◆ 你的指揮官意圖為何？

在嘉年華遊輪集團的數位化遊輪上，他們的指揮官意圖就是要持續專注於客戶體驗。他們的目標是希望達到個人化、無摩擦且沉浸式。他們想要將客戶體驗中複雜部分自行吸收消化，讓客戶單純只是享受體驗，並因此得以脫胎換骨。

在藝電，他們的指揮官意圖則是：「我們存在的目的，是要讓全世界都玩起來。」

在聯合租賃，他們的指揮官意圖則是以使命為基礎：「要讓客戶獲得出色的服務」，並始終重視生產力和安全性。他們的業務首重安全，因為重型機械不能出意外，否則風險相當高。

這類型的企業任務聲明，只有在每日業務決策中不斷貫徹才能夠奏效。指揮官意圖必須要能在日常生活所面對的各種狀態中給予部屬行為指導。所以，我再強調一次，目標一定要明確，但是達到目標的方法和過程則要具備彈性。然而，錯綜複雜的狀況在未來只會更複雜，也會持續下去。階級化的組織機構在極度複雜的環境中，就會變得太缺乏彈性，因此容易失敗。

二〇一六年美國總統大選時，新英格蘭複雜系統學院（New England Complex Systems Institute）的院長雅尼爾・巴—揚姆（Yaneer Bar-Yam）表示，人類已經走到了階級化組織的盡頭。對於美國總統候選人是否能夠帶領美國複雜的組織機構，他感到懷疑。基本上，美國的組織已經複雜到無法再用階層去管理了。他說：「對於決定究竟是什麼，我們基本上都搞不清楚了，也搞不懂這些決定的後果會怎樣。」階級所能處理的複雜程度，只能到達一個限度，但當前世界的複雜度，已經超過了那個限度。

清晰度在看得到目標方向時會採層級化處理，但對於看不到的狀況，清晰度則會保持彈性和適應力。美軍在這種階級的動態式作法方面是領先企業界的，也因此，我對他們從過去經驗中所學會的種種感到非常有興趣，而且他們一邊學，一邊也還在摸清楚自己所面臨的種種極端挑戰。

## ◆ 行動後評估

如果領導人理解實地累積經驗且對此做足事後功課，「指揮官意圖」的執行效果會比較好。美國陸軍發展一套他們稱為「行動後評估」（after action reviews, AARs）的演練，而且在陸軍大規模的加以運用。他們的目的是，要在每日的練習中加進這套「行動後評估」，在每日個人訓練後，將每次重要的行動以簡報方式呈報上去，讓上級了解。報告內容包括：發生了哪些事？哪些是奏效的？有哪些部分可以加強？「行動後評估」的結果經過編目歸檔，有時也值得分享，但這個作法最大的價值在於訓練本身思考和行動的方式都要涵蓋學到的經驗。

「行動後評估」要成功，就是要把組織性的實地經驗以及個人表現評估區隔開來。陸軍方面表示，他們花了很長的時間才知道，如何把組織性的實地經驗和個人表現評估區隔開來。沒錯，「行動後評估」或者類似評估，在很多企業很多單位中都有採用，但這樣的訓練卻很難普及，也很難持續。在企業界，我知道很多公司在自己組織某些部分，都採用類似「行動後評估」的作法，但據我所知，沒有一家使用「行動後評估」的公司，將之與個人表現評估做全面性的區分。很重要的一點是，整個流程應該要以正面學習的心態去進行。我看過有些公司的作法比較像是「亡羊補牢」式的作法（形容詞可能不夠貼切），他們專注於過去，未能將之視為企業學習迎向未來的學習契機。

最後，「狀態意識」*在「指揮官意圖」的步驟裡非常關鍵。「狀態意識」是隨時意識到自己周遭環境變化的能力，主要是利用模擬和電玩遊戲來訓練、開發。「彈性指令」的關鍵就在運用「狀態意識」來不斷評估，也就是看誰處於最佳位置，也就是可以在什麼時候做出什麼樣的決定。同樣的，執行這些步驟，都要保持高度「方向清晰」及高度「執行彈性」。

九一一恐攻事件後，我獲邀為美軍、企業和非營利組織的領導者籌辦一系列對談，以利眾人討論領導統馭、戰略和學習等主題的未來發展。我和哥倫比亞商學院的威利．皮特森（Willie Pietersen）共同組織了大約十五個討論小組，邀請來自不同領域的領導人。隨後，我有幸和當時剛升任三星的將領們合作，在他們升三星的第一週，就在首府華盛頓交換意見。

我的著作《領導人創造未來》（*Leaders Make the Future*）以及《未來領袖能力養成》兩書，都深受戰爭學院、以及和軍事將領們的影響，他們教了我好多。這些經驗成為我了解未來組織很重要的一部分，我相信，美軍靠著出生入死所換來的經驗，對於該如何組織以迎戰未來，

* 譯註：或譯為「狀態查知能力」（situation awareness）。

具有非常重要的先行指標。

## ◆變形組織

這些訓練，讓我們看到未來組織的可能性，屆時，僵化的階級組織圖將會被變形蟲般的結構所取代，這種結構不僅具彈性，也相當動態。這種未來的靈活組織圖，將會像圖 8.1 中所呈現的那樣。

想像一下，這個圖形會起伏波動，動態組織圖就會像這樣階級上上下下的移動，但目前，大部分的機構團體都還沒有走到這一步，即使是在美國陸軍，現在也還奉行傳統的階級制度，反應緩慢且官僚化。真的會變形的，只有特種部隊。

二〇一八年夏季，美國陸軍在奧斯汀和維吉尼亞州成立新的「未來司令部」中心（Futures Command），以下是該司令部的新任務：

情報總監（Directorate of Intelligence）陸軍未來司令部負責評估新威脅，結合未來任務環境，形塑未來戰力與科技，以便進行未來投資，並且推動陸軍未來現代化的需求、能力、保護的發展、以及概念執行、未來戰力的設計。

一個由各小隊組成的專案小組，會協助陸軍預測未來，形塑戰爭多變的特質，讓情報單位確保美國陸軍維持在世界上領先的戰力。

在這份非常坦白的文件中（比我看過的多數法人機構的公開聲明都來得坦白），美國陸軍正視其當前所面臨的挑戰，也知道速度很重要：

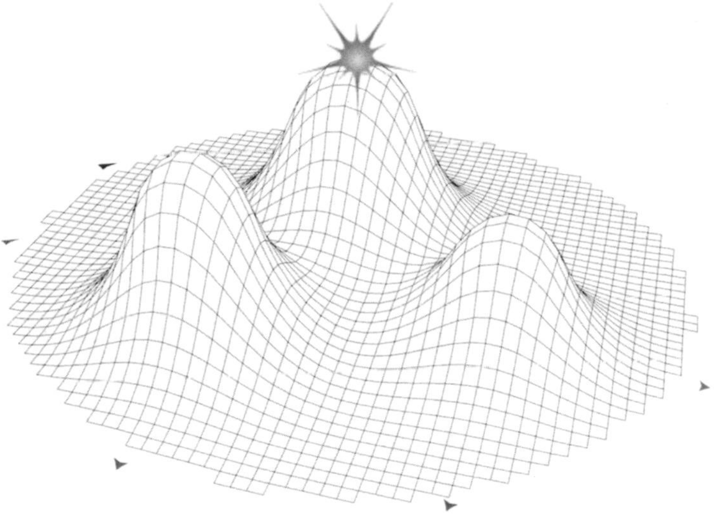



**圖 8.1 視覺化去中心變形組織的演變。我們可以看到，它從邊緣開始成長，其階級不是常態固定式的，也無法掌控。**

美國陸軍當前的需求、以及能力發展的訓練都曠日費時，為期過長。美國陸軍在許多方面已經逐漸喪失與戰力相當的同儕競爭的優勢：我們的飛彈射程已被超越，槍枝數量也落後，同時也逐漸過時。私人企業和一些潛在敵人，他們習得新能力的速度遠比我們快上許多。當前，戰爭概念、戰爭威脅、戰爭科技等變化速度都快過美國陸軍現代化的建軍和程序。

再者，美國陸軍未來司令部將在這種緊急的情況下「提供全光譜保護」給美國。私人企業也應矢志為全光譜的未來做好準備，但依據我的經驗，多數公司卻一直沒有感受到急迫性，或者也不具備專業性，所以遲遲無法做出這樣的承諾。

最近我曾把圖 8.1 給一家大型企業的總裁看，這張圖讓他看得津津有味。當時我在他偌大辦公室裡，隔著一張大桌子和他對望。他看了幾分鐘，整個人橫在桌子上，並把下巴往前伸，粗聲粗氣的問我：「那『我』要坐哪？」

這個問題我倒是沒想過，問得非常好，我認為，領導者應該坐在變形組織的基礎上。領導人還是一樣，是清晰度的來源，但領導人的地位卻不一定要一直高高在上。領導者身為清晰度的來源應該是企業運作的基礎，並且應該能夠在網路裡上下流動。

我們朝未來邁進的當下，正是重新檢討一些古典領導統馭的概念的時候，像是「從後領導」（leadership from behind），以及「僕人式領導」（servant leadership）。組織跟組織之間的界線到時候會鬆動，而且視機會時有時無，一旦核心價值和方向明確相連時則會結合。組織的規模也會具有極大彈性，時而擴編，時而縮編。營利的方式則更加多元，但不會有人真正控制組織。組織中只會有人導引方向，但卻不會有人加以控制。

對已經準備自由接案的工作者而言，變形組織非常有利，現在已經有些專業設計師或是程式設計師能夠靠著接案外包平台獲得很好的收入，外加健保給付和退休計畫，根據美國政府的說法，這些人都不屬於傳統定義中的「就業」。

然而，對還沒準備好要在接案經濟中討生活的人而言，世界會變成接近強迫勞動般的苦役生活：靠著做些微不足道的鎖碎小事賺取微薄的薪水。在這個越來越多變的職場世界，傳統職業會越來越少，也會有越多機會壓榨員工。任何可以分工的職業都會分得越來越細。部分工會雖然還是可以存活，但得靠極度創新和具備適應力。

在變形結構方面，軍隊已經走在民間企業組織前面，唯一超越軍隊的是在大型組織邊緣的新創產業和創新團隊。一般而言，小規模組織都會比大規模組織更善於變形；再者，罪犯又會比我們任何人更善於變形。我給軍方團體看過圖8.1的變形組織表，並請他們告訴我這讓他們想到哪些人，他們立刻回答是恐怖組織。事實上罪犯比我們都善於形成變形組織，他們也較不必被層層限制，包括法律。

## ◆ 未來的組織圖

傳統組織圖是階級式且靜態的，但往十年後去看，組織圖則是動態的，而且階級會變來變去。但這並不表示從此不存在階級了，只是靜態的階級會消失。動態的組織不會有中心，會從邊緣開始成長（多元性在邊緣茁壯），階級會變來變去，而且不受控。多變階級的譜系以及分散的社會網路，會創造出更多的工作方式。

為了讓企業茁壯，領導人需要新的全光譜思考力和技巧，才能善用我在第三章提到的新式工具。眾「智」成城，包括人類互相合作，再加上電腦的擴充，將會成為企業茁壯的必要條件。

從前那個講究階級化結構的年代裡，組織規模越大越好，但往後十年企業規模講究的卻是：組織能力到哪，企業規模就到哪。比規模大小的經濟模式會退場，取而代之的，我認為會是組織經濟（economies organization）。

二〇一八年，傑若米．海曼斯（Jeremy Heimans）和亨利．提姆斯（Henry Timms）出版一本新書，讓我們深入了解到這波朝動態組織轉變的風潮。這兩位作者都在組織族群方面有豐富的經驗，亨利．提姆斯是「感恩送愛星期二」活動（Giving Tuesday，在感恩節後的那個星期二鼓勵全世界慈善捐贈）的發起人。

他們這本著作書如其名：《新力量：高度連結世界中，權力如何運作——如何讓權力為你效力》（*New Power: How Power Works in Our Hyperconnected World—and How to Make It Work for You*），在書中兩人指出，現在正出現一股從舊力量轉變到新力量的趨勢。「新力量是以布署大型參與和同儕協調，來創造改變、轉移最後成果。」這本書探討的是透過使用串連的媒體和變形組織，改變力量的結構。

表 8.1 是總結他們所預測的、舊力量到新力量的轉移方式，這個觀點和我非常相近。該書作者海曼斯和提姆斯舉了很多新力量組織的例子，像是民粹政治陣營、Airbnb 以及一些合作。還有例如維爾福電玩公司（Valve Corporation）是以「不設經理職」為政策來

經營，員工可以提議公司營運方式，並且用事先規劃好的架構——像是以組織或是以部門——來獨立管理自己的工作流程。這考慮到跨組織間的流暢移動，以及公司內部生產能力的自我管理。當然，這類變形組織架構必須在目標明確、組織間有共同價值時，才能夠發揮成效。

我預測，從舊力量到新力量的轉變速度將會加快。下一個世代的網路會強化這種分散式組織，但卻不怎麼強化中央管理型的組織——這也表示到時候權力會出現重組。

組織表可以用虛擬形式、動態式的呈現，藉此反映公司運作時合作對象的各種組合型態，所以上面不會只有正式的員工，各種組合所被交付的任務也都會反映在這張組織表的變動上，表上的人會以最適合其任務的結合，做正式或非正式的搭配。這樣的組織表可以顯示位階以及正式的結構，但也可以反映出非正式的溝通型式，以及反映出誰正在依賴誰運作。

這樣的組織很快就會形成，甚至還會產生相當劇烈的影響力。在我們拋棄傳統的指揮和控制架構後，個人、組織以及社會都和以前不一樣，這個未來世界中，其創新多半來自創業者、軍隊以及罪犯。分散式管理網路代表的是流動式的階級，所以需要不斷的對組織成員一再評估，才能知道在什麼時間、誰最適合在什麼位置上、做什麼樣的決定。

對個人而言，需要學會在不能控制的情況下該怎樣去領導；組織則該學習的是快速伸縮自如，但始終保持方向明確；社會則需要創造有利於所有人的共同利益、共享資產，以及創造幫助大家決定如何共同合作的決策過程。

在未來動態式的變形組織中，你能怎麼組織，組織就會變成什麼樣子。

| 舊力量 ➡ | 新力量 |
|---|---|
| 貨幣 | 趨勢 |
| 少數人掌控 | 多數人協作 |
| 下載 | 上傳 |
| 命令 | 共享 |
| 領導者驅動 | 同業驅動 |
| 封閉 | 開放 |

表 8.1 即將到來的權力轉移方式

# 第九章

# 人機共生的廣域譜系

## 新人力資源將變成人力運算資源

西洋棋大師蓋瑞．卡斯帕洛夫（Garry Kasparov）描述一九七七年時，他敗給IBM超級電腦「深藍」（Deep Blue）的經過：

今天，二〇一七年五月十一日，是我一九九七年於紐約市，敗在深藍手下的二十週年……去年，我一整天大部分的時間都花在撰寫《深層思考》（*Deep Thinking*）一書，此書提及並分析了這關鍵的一盤棋，被人稱為「人腦最後的一役」，因為，在這盤棋中，我成了「人與電腦對抗」中的人類代表。……

我在《深層思考》中特別強調，深藍雖獲勝，其實也代表人類的勝利，因為這是建造深藍的人的勝利，也是獲益於科技躍升的人的勝利，也就是所有人類。往大方向看，正是這樣，所以本書中我排斥用「人腦對抗電腦」這樣的說法。畢竟，電腦為人類所用。

此書的最後三分之一，是在談人類有了聰明的電腦後所擁有的光明未來，只要我們能夠擁有強烈的企圖心，就能夠將之發揮到極致。我希望大家都能感染到我的樂觀。

卡斯帕洛夫的這段回顧道出一個事實：他個人雖然敗在電腦手下，但其實是人類整體的意外勝利。他的經驗讓我們知道，人類與電腦之間的競賽並非零和賽局，贏者通吃、輸者皆空；相反的，人類和電腦最後都能夠有所斬獲。人類擅長什麼？電腦又擅長什麼？這些關鍵的問題，讓我們無法不盡力去開發人類和電腦共生的可能性。未來十年，這樣的努力將會比以往更見成效。

科技組織早就已經在這方面有所涉獵，然而，其實，最有資格回答這個問題的組織部門，就是我們現在稱為「人力資源」的領域。最懂得規劃的人力資源部門現在已經開始在設想如何網羅人才、績效管理、員工聘僱數據分析、以及倫理。我想說的是，人力資源部門現在應該要延伸到超級大腦的世界中。

十年後，多數人都會成為超級機器人（superempowered cyborgs）。在未來，隨著人和電腦逐漸交融混合，現在被稱為「人力資源」的部門會變得很不一樣，從人到電腦所畫出來的這個譜系中，會出現一條很關鍵的灰色地帶，很難區分出是電腦還是人。我們現在稱為人力資源的概念，要是到時候還能夠支應這樣的局面，就會如麻省理工學院教授湯瑪士・馬隆（Thomas W. Malone）在他二〇一八年著作《超級大腦》（*Superminds*）所稱，會支援「超級大腦」：

本書主要並非在談電腦會如何取代人類工作，而是要談人類和電腦會以何種從前不可能的方式合作。此書談的是人類與電腦所組成的這部超級大腦如何空前聰明。本書的宗旨是，我們怎麼運用這種全新的綜合智力，來協助我們解決一些最重要的商業、政府、以及社會等領域的問題。

## ◆ 人腦與電腦

人力資源專家需要培養更加了解非人力的、以及電腦擴充（computer-augmented）之人才的能力。老實說，十年後，大部分人力或多或少都會獲得電腦資源的加持，我們全都會變成超級大腦，到時候，擁有強大數位擴充的聰明同事隨處可見。機械性的工作會由電腦自動化操作，這是當然的，但和過去的最大不同之處，將會是數位擴充的人腦，電腦將會更以人為中心，人類的數位化程度將會更提升。最重要的是，透過電腦進行人類的工作，人類將透過這個擅於模仿他的數位魔鏡，更加了解人類最擅長什麼，也會更了解到，自己的專長對於身為人類的意義是什麼，就跟上文蓋瑞．卡斯帕洛夫書中所描述的一樣。

美國海軍的新艦艇都已經採用這樣的設計，讓人腦與電腦結合的資源發揮到極致。海軍艦艇現在都比以往更自動化，艦上的水兵人數也少很多，這些人，多數都是通才，而非專才：

整艘艦艇給人一種小型劇場的感覺，裡頭的演員都身兼多職，演王子親戚的演員也要同時扮演藥師、修士以及信差二號。

這種身兼多職的水兵經常要轉換角色，而且本身都算是電腦擴充的生物機器人。艦艇上的人力都是通才，艦艇上的電腦則都是專才，有些任務會交付電腦自動化（但如果過程出錯則會有麻煩），而人類則會獲得數位資源的擴充。在現代美國海軍艦艇上，到處可以見到這類數位擴充的生物機器人。

人類強調效能（effectiveness，做對的事情），而電腦則強調效率（efficiency，把事做對）。在這樣的世界裡，擁有豐富人生經驗的人最有出頭的機會。但是，要在這樣持續混雜的外在世界中、於人類所擅長的事物與電腦所擅長的事物之間取得平衡，其實是相當大的挑戰。

只要我們能用正確的語言來形容這新一波的變革功能，就能夠靠著它將我們帶往更美好的未來。人力資源的未來，應該是人力運算資源（human-computing resources, HCR）之間的對話所形成，而非傳統人的力資源。未來，對於首席人力資源長（CHRO）、首席技術長（CTO）以及首席信息長（CIO）三種功能結合一體的運作需求會越來越高，這就是人類與電腦的合成智慧。

將來，人力和電腦資源的區別會越來越難。屆時，會視人力或電腦各自的專長，而予以擴增其權力和生產力。現在要再特別來談「數位策略」實在是太遲了，組織現在需要的策略是要海納「數位化」。事實上，日後「數位」這兩個字也將會逐漸消失，因為到時候數位媒體會變得無處不在，數位產品一旦無處不在，哪還需要特別強調數位兩個字？精通數位操作的這項能力，將會成為招募時的基本技能之一。

選才、訓練、生涯發展以及固定的族群社團，這些在將來還是一樣相當重要，但是，在全光譜的未來，人力資源和電腦資源會混合在一起，難以區別。以選才來說，因為有新媒體的存在，所以在徵才過程中，會有更多可以幫助選才的環結連接雙方，徵才方將能夠提供面試者有關應徵職位的真實體驗，以吸引面試者，測試他與職缺的契合度，並進一步確定該職缺是否和面試者的能力相符。這樣，徵才方更容易一次就找到合意的員工。

## ◆透過電玩遊戲學習

對於公司的人力資源部門來說，員工訓練和員工發展至關重要，但是，現在我們已經可以看到強烈的徵兆，顯示未來這方面的變化將會和過去傳統的人力資源訓練有著巨大的差異。以下列舉兩個：

第一，二〇一八年八月十日，一名在西雅圖塔科馬國際機場（Sea-Tac Airport）擔任維修工作的員工，擅自開走停機坪上停飛的飛機，好好享受了一趟高空之旅。他偷走的是龐巴迪（Bombardier）Dash 8 Q400這個機型的飛機，這種飛機未設有上鎖系統，原因在於其操作極為複雜，所以除了受過專門訓練的機師以外，誰也料想不到有人會把它偷開走。

這名飛機賊偷走飛機後，在普吉特海灣（Puget Sound）上空繞行，還做出一系列高難度的空中特技，包括翻轉等只有頂尖飛行員才做得出的動作。這架飛機在上空表演高難度動作的同時，地面塔台曾問他是否需要協助降落，結果飛機賊卻說：「不用了，我行的。」

塔台又問他是否為飛行員，結果他答：「不是。」

塔台又追問，那他是在哪裡學會開飛機的？他卻若無其事的說：「我有玩過一些飛行電玩。」

這則新聞的前因後果我們現在無從查證了，因為，這位不知名的飛機賊在表演完那些高空特技後，似乎是刻意的撞機身亡了。整則新聞最神祕的地方在於，這樣一台操縱難度超高的飛機，他究竟是怎麼學會駕駛的？答案是：飛機賊靠著玩精確模擬真實飛機駕駛艙和控制台的虛擬實境電玩，學會怎麼駕駛真正的飛機。

這位飛機賊證明，這款電玩遊戲非常接近真實開飛機的體驗。多年來，飛行員訓練已經在使用飛行模擬器了，但現在，尋常的家用電玩遊戲也已經內建這樣的飛行模擬，任誰都可以去玩，不限於飛行員訓練。現在被我們稱為電玩的東西，其實正悄悄的加入學習教材的行列。

另一個徵兆則是：我的同業狄倫．亨德瑞克斯（Dylan Hendricks）是加拿大人，但現在住在美國德州，他的親戚邀他去玩定向飛靶，這種運動的玩家要朝拋出來的假鴿子開槍。狄倫對射擊沒有太多經驗，也沒真正開過獵槍，他本人其實是反對擁槍的，這很符合加拿大人對槍枝的態度。但上了靶場，他也不想在親戚面前太丟臉，何況身邊全都是德州的神射手。

他一喊：「放鳥！」一旁的假鴿子應聲而起，他完全沒想到，自己竟然就射中了！

他一股作氣，打出相當好的成績，讓德州親戚都說他先前自稱槍法很差是欺敵之策，大家覺得他一定是裝新手，其實私底下是神射手，所以不僅覺得困惑，也覺得他人不老實。

狄倫其實自己也被自己的表現嚇一跳，後來他才想到，以前有玩過一款虛擬遊戲叫作《獵鴨》（*Duck Hunt*）。多虧這款遊戲，讓他的槍法神準，雖然玩遊戲時他握的並不是假槍，而是遙控器，但玩電玩訓練出來的肌肉記憶，顯然精確的模擬人眼瞄準目標的原理，訓練他手眼協調的能力。

一旦超級大腦降臨，人類必然會學著結合自己的技能、先進工具和媒體。人類技能和電腦擴充將會強力結合，關於這一點，在電玩世界中早就已經揭露無遺。

然而，現在還很少人注意到，電玩正從娛樂轉型成為學習媒介一事。電玩遊戲既需要人力資源，也需要運算資源，但是透過電玩學習這樣的體驗，則遠比我們在學校的學習經驗還要來得更加簡潔。

未來學院的珍．麥戈尼加（Jane McGonigal）是設計對社會有建設性的電玩遊戲的全球頂尖設計師，她把電玩遊戲定義為「讓人目不轉睛又聚精會神」（emotionally laden attention）。我覺得這個詞很有意思，以前這個詞常被用來形容好故事，好電玩遊戲等於是一則好故事，玩家可以真的融入故事，而不只是在讀故事。

現在的電玩遊戲介面往往要比我們在辦公室用的介面好上十倍，這樣生動的介面，再加上很具吸引力的故事，可以預期，將成為前所未有又強大的學習環境。電玩產業本身當然也為學習和訓練打造遊戲，但往往都被嫌品味不佳。

我知道，很多家長可能很難想像，有一天電玩遊戲真的會如我所說那樣成為強大的學習媒體，尤其是那些視今日的電玩遊戲為妖魔鬼怪的家長，更會深自不解。我也同意，如果以家長眼光來審視今日的電玩遊戲，有很多真的都太色情、太暴力，所以我們今天所面臨的挑戰，就是要能夠把眼光放遠，不受到今日粗俗電玩遊戲內容的影響，而看到電玩遊戲這個媒體本身的教學潛力，教導孩子對社會有建設性的內容。

在企業環境下，要由誰來教導員工使用這個媒體呢？當然是人力資源領域的人，也就是被稱為「人資」的那群人。現在的人資菁英屆時候會被指派來負責這種新式的教育學習媒體，要是不由他們來進行，就會由別的領域來取代他們，這也會形成重新思考人資部門存廢的契機。

我則認為，將來多數的人資菁英會成為電玩玩家。我的意思並不是說他們會成為打電動的專家，而是說，他們會透過數位和切身的體驗，成為沉浸式學習媒體的專家。

歐森．史考特．卡德（Orson Scott Card）將電玩的價值和沉浸式學習定義為：

> 訓練的精髓在於容許不會造成任何後果的錯誤。

在電影《戰爭遊戲》中，電玩遊戲被拿來當作強大的學習媒體，以利地球人能夠學會應付外星人的攻擊。本書第六章我也已經提過，這本小說和改編電影的基本假設是，最出色的玩家，憑著靈活的心智，將成為面對戰爭挑戰時準備最萬全的戰士。片中的小朋友透過電玩遊戲成為善戰的戰士，這些訓練他們的電玩遊戲，複雜到連片中的成年人都玩不起來。

要想充分備戰迎接未來，人力資源部門就應該招聘今日的電玩玩家。

## ◆要想著人力運算資源，而非只是人力資源

人類與電腦的結合，將為原本就面臨很多挑戰和機會的傳統人資部門帶來更多的挑戰和契機。我們現在已經可以看到很多徵兆了，這些徵兆也已經準備要襲捲全球。這是蘊釀許久的趨勢。

九一一恐攻之後，我應奧蘭多市的華特·迪士尼世界之邀，為他們做未來娛樂產業的預測。九一一後，在全美緊張的氣氛之下，許多家長理所當然的都會對遊樂園的安危感到擔憂，但是小朋友則是期待能在安全之餘被嚇出一身冷汗。迪士尼世界中的「神奇王國」（The Magic Kingdom），正是逃離被恐怖主義所籠罩的現實世界、忘掉創傷的最佳去處。

這也正好是華特迪士尼世界開始測試日後被稱為「神奇手環」的時期，他們讓遊客戴上這款手環遊園，以便時時知道自己到了哪一區，去哪邊排隊比較不用等候，同時也協助遊客了解動向、方位和付費方式。在第七章，我提過戴「米奇好朋友」這款原型手環的經驗，這個經驗讓我學到重要的一課。

我把「米奇好朋友」掛在我的皮帶上，靠著它的指引暢遊迪士尼。但我戴的那只「米奇好朋友」，有一天在我遊園時忽然不動了，這讓我意外發現迪士尼世界之所以那麼神奇的一個重要面相，而這堂課正是結合人與電腦的兩種能力所促成的。我把壞掉的「米奇好朋友」拿給一位園中的角色成員（cast members，迪士尼世界對員工的稱呼），她跟我說沒關係，換一只新的給我就好，但這答案讓我有點失望，因為如此一來就不能再戴這只「米奇好朋友」了，我問她能不能幫我把「米奇好朋友」醫好，我不想換新的。

她停頓了一下，回答我：「喔，我剛好像有看到魔法師經過，那我去問問他能不能幫忙好了。」她鑽進布簾，回來時滿臉興奮笑意，說：「你的『米奇好朋友』痊癒了！」其實，我很清楚她給我一只新的「米奇好朋友」，但是她的作法非常不著痕跡，又非常可愛，於是我欣然接受，繼續遊園。

華特迪士尼世界素以會說話的機械電動人偶聞名，園中有各式各樣宛如真人的美國歷屆總統，還有各界的知名人物，而且遊樂園還掌握一套結合人力資源和電腦資源的方式。他們的「角色成員」雖然動用到很多種不同的數位工具協助，但依然保留真人演出的感覺，藉此讓遊客獲得神奇的遊園體驗。所有的人力資源組織或企業將來都必須具備相同的能力，然而，我目前還沒有看到其他的人力資源部門，能夠和我在華特迪士尼世界看到的具備同等級的能力。

「米奇好朋友」後來發展成大家認識的「神奇手環」，這款簡單好用的手環不會讓你聯想到它是一台電腦，但其實，整個華特迪士尼世界園區本身就是一個靠電腦擴充的巨大遊樂園，小朋友來這裡享受驚嚇，卻可以免於受傷的風險。園區所用的不僅僅只是一部普通的電腦，而是一部結合人力資源與電腦資源的神奇混合體，其園中的角色成員都獲得電腦加持，讓他們不至於做出機械式的自動化表演，而是強化了遊園體驗。強大的運算能力透過這種安排，能夠以非常人性化的方式呈現在大眾面前。

這種人力獲得電腦擴充的徵兆，在衛生保健方面具有比迪士尼世界更戲劇性的表現。幾年前，因為研究超級電腦和視覺化的工作，我認識了電腦科學家賴瑞．史瑪爾（Larry

Smarr），後來隨著我和他有私交，我才發現，他把自己的電腦科學專業運用來監測自己的健康，藉以窺視自己的內臟。在認識我以前，他就已經行之有年。

想像將「人力資源」（我喜歡「人力資源」這個字，但不喜歡「人資」這個字），結合電腦、媒體、機器人學（robotics）等工具。隨著人力—運算資源成為史上最有力的學習媒體，它將能透過電玩式的互動教學，將員工的永續學習擺在最優先的位置。

## ◆人資還有另一次提升的機會

我擔心，現代的人資部門領導者和執行者可能來不及或者不願意迎接這樣的變革。在我的職場生涯中，看到人力資源領域好幾次都錯失轉型機會，原本可以藉由擁抱科技發展成以人為中心的新部門，來協助以人性化的方式推動科技，讓整個組織都接受它。大家想想這些從前的新科技：

- 視訊會議
- 群組軟體

● 公司自動化
● 人工智慧

上述每項新科技誕生之時，人力資源領域都有機會帶領風潮，不但擁有新興科技，並且協助其他人學會怎麼善用這些科技。但是，每一次，人資領域和人資菁英都一副事不關己的樣子，沒有真的把它當一回事。每次都是讓資訊科技的菁英去帶領大家，但是這些資訊科技菁英對人事和組織方面懂的並不多，人資又多半都躲在一旁，除了幾次特別的情形。

現在，人力資源領域又有新機會來擁抱新科技了，而且這次還可以結合人力及組織這兩種素材。我希望這次人力資源領域能把握機會，它們是可以成為領路人的。

但是，學習新科技並且與下一波運算、溝通與電玩遊戲對話的機會稍縱即逝。人力資源菁英可能不會被科技人和高階主管邀請去參加會議，但我希望，人力資源領域的成員能主動召開會議，而不是被動的等著人家來邀請。

要是他們沒受邀也不採取動作，那人力資源領域就有可能步上等著被人外包、輕視的後塵。我相信，要是科技和人力資源可以結合的話，那未來將成為更美好的世界，也更加多產。我也深信，教導菁英資源的人才科技，遠比教導科技菁英人力資源管理來得簡單。如果科技的使用難度增加，就不可能是這麼回事了，但目前的科技使用起來相當簡便，而且未來還會更簡便。

新的人力運算資源領導人，在未來將有機會重新改造這個領域，因為他們也改造過許多知名的組織，這也會讓他們能夠改造自己。人力資源與電腦資源在將來會以全新的方式結合，人與電腦之間的分野則會逐漸變得模糊不清。共同智能——也就是多人共同合作，並且獲得電腦的強化——到時候就會應需求而壯大。這些就是湯瑪士．馬隆口中所說的「超級大腦」，也正是人資領域應該要集中力量開發的地方。單靠人力資源已不足成事，單靠電腦也一樣。人類究竟最擅於做什麼、而電腦又最擅於做什麼，這些基本的問題由人資專業的菁英來回答，也是最適合的。

人資領域的領導人需要全光譜思想，也要負責將全光譜思想傳授給其他人。全光譜思考力屆時會在工作和私人生活中都成為必要。

為了使公司蒸蒸日上，領導人都需要擁有新的全光譜思考力和技術，以便充分利用新興的工具和媒體。公司、非營利組織以及政府機構會在市場的要求下，提供廣域譜系的工作安排，讓上班族能夠兼顧生活與工作。

艾倫．葛林斯基（Ellen Galinsky）創辦「家庭與工作學院」（Families and Work Institute），她很早就投入倡導我們所熟知的「工作與生活平衡」（work-life balance）理念。在多年研究工作和私人生活平衡關係之後，她很努力的想要找到一個字來取代「平衡」這個字眼，因為對很多人而言，平衡似乎是難以企及的目標。想了好幾個月後，她認為「悠遊」（navigation）會比「平衡」更適合用在這個概念上。悠遊涵蓋其他意思，其中都含有固定和流動的多變意思，包括很多選項。慢慢的，人力資源專家會需要成為全面性生活（whole-life）的專家，而這樣的全面性生活當中也包含數位擴充的選項。

我在第五章所描述的網路科技，會讓這樣的生活更容易不論何時何地都奏效，雖然這種分散式工作型式需要社會和個人訓練，還需要科技的支援，這種能力我稱之為「心在人不在」。矽谷目前是這種分散工作型態的領頭羊，之所以走上這條路，是因為其所在的灣區房價太過誇張的緣故。所幸，分散工作的工具在未來十年間會變得更為先進。

記得我在第一章中提過拉富禮對寶僑實業離職員工說的話，寶僑雖然不再有終生聘僱制，但有終生「可聘僱制」。在越見靈活的接案經濟中就是需要這種態度，因為屆時會有許多微型市場，以及可以輕易來去的就業機會。

最近，我對一群在矽谷任職的執行總監發表演說時，他們都對已降臨矽谷的未來世界職業生涯表達擔憂，因為越來越難「悠遊」在工作和生活之間，也越來越難判斷職涯進展。在越來越多變的組織世界中（矽谷算是極端的例子），傳統上用來評量個人職涯進展的標準都無法套用，像是薪資、頭銜以及階級職位等。在矽谷裡，尤其是對於年輕員工而言，他們對於經驗看得比金錢或頭銜還來得重。

未來，人力運算資源領域能夠找到工作和個人生活的多種不同組合，到時候人力運算資源部門可以協助員工找到適合他們的選項，並引導他們做出相對的決定，這樣子公司和員工就能雙贏，求仁得仁。

我在撰寫此書的同時，未來學院聘用了第一位生物機器人類學家安柏．凱斯（Amber Case）。凱斯研究的是人與電腦的共生互動，以及我們的價值和文化如何逐漸被新科技所形塑。人力運算資源專家所需要的，就是生物機器人類學的技術和心態。

以後，每個人都會有機會在某些地方獲得電腦擴充。電腦擴充的科學和方法，會成為重新構思人力資源專業發展方向的焦點。到那個時候，電腦越聰明，人們就會越重視彼此；人們越數位化，就越會珍惜人與人之間的互動；人和電腦變得越相似，我們就會越珍惜彼此之間的差異。

我請到幾位人力資源主管幫我審閱本章的草稿。其中薇琪．洛斯泰特（Vicki Lostetter）是維實洛克（WestRock）公司的首席人力資源長，維實洛克是全球最大的造紙公司，薇琪則先前曾在可口可樂和微軟等公司擔任人力資源部門主管。她對本章的回應如下：

人力資源的角色將來會幫組織做好準備，以迎接這波變革，並且在組織裡持續發揮其必要功能，也就是要留住「人力」，雖然我們的工作環境會逐漸採用人與電腦運算的結合，以求獲得更好的成果。

最後一點則是，要激勵人力資源的領導人，鼓起勇氣學習更多新知，並勇於挑戰正要來臨的美麗新世界，要成為其他同事的楷模，在「嘗試，趁早失敗，不花大錢失敗，然後再嘗試」這個信條上茲茲不倦。永遠站在最前端。

人力資源專家如果現在還沒對數位媒體有深入了解，那已經晚人家一大步了。科技要怎麼加強並擴增人類的技能呢？人力資源專家必須要能夠給予這個問題很好的答案。這是人力資源轉型為人力運算資源的關鍵時刻，人力運算資源部門具有改變個人、組織和社會的潛力，人力資源管理者正面臨存廢的危機。

第十章

# 多元的廣域譜系

## 有助於創新的包容性新途徑

澳洲籍演員漢娜·蓋茲比（Hannah Gadsby）身兼脫口秀主持人、演員和作家多職，在二〇一八年為Netflix錄製的單人脫口秀《娜涅》（*Nanette*）時，她說：「與眾不同很危險。」

亞倫·圖靈（Alan Turing），這位二戰時期英國的英雄人物，生前被英國政府貼上同性戀的標籤，遭到殘酷的對待。但，即使硬被他人劃分到不公平的類別，圖靈還是靠著發明終極的分類機器拯救了英國，他所發明的這部機器，就是我們現在電腦的雛形。當時，圖靈因為被人強迫分類而遭遇危險，但即使到今日，硬被人劃分成特定類別還是同樣的危險。

電影《模仿遊戲》（*The Imitation Game*）演出圖靈的生平，電影中述及他如何運用自己開發的原型電腦，破解二戰時德軍所使用的密碼。片中的圖靈，生活中很多人都不喜歡他，他行事怪異，是個沒人看好的天才人物。電影這麼演，是希望促使觀眾挑戰自己的成見：

有時候，往往是誰也想不到能有所成就的人，創造了誰也想不到的成就。

既使面臨殘酷的命運與讓人心痛的遭遇，亞倫．圖靈卻因此蘊釀出美好的事物，他所發明的運算機器，逐漸從強迫二元的選擇，進化成能夠幫助我們理解全譜系人類身分和能力的電腦。

圖靈的電腦將所有的一切化約成只剩0與1，在這個圖靈所創造的世界中，只有嚴格的是或不是兩種選擇，拜此新能力之賜，我們得以分類、組織和運算。但是，也因為這個嚴格的限制，讓人們飽受過度分類之苦。

## ◆性別的譜系

我的同事蓋布．塞萬提斯（Gabe Cervantes）加入未來學院、開始和我合作此書時，我請他做的第一件事是在臉書上申請一個新帳號，看看他能夠為帳號設定找到幾種不同的性別選項。當時是二〇一八年的夏天，我們萬萬沒想到，他竟然可以找到多達五十九種不同性別的選項，這裡面包括了無性別（agender）、雙性別（bigender）、順（原）性別（cisgender）、非常規性別（gender nonconforming）、疑性別（gender questioning）、泛性別（pangender）……形形色色的跨性別選項，以及雙靈（two-spirit）。究竟要分成多少種性別種類，我們才會正視性別其實是一個譜系，而不是斷然的類別區分這個事實呢？

但話說回來，也可能有人不認為自己是位在這個譜系之中。有些人可能想要別人給他清楚斷然的類別；有些人則想要自己創一個類別，或是完全不想要屬於任何類別。容我再說一遍，給自己分類和給別人分類是很不一樣的事。本書談的多半是給他人分類這件事。

關於性別的全光譜思維，在歷史和生物學兩方面都經歷了許多的發展和演變。在亞歷珊卓・克拉利克（Alexandra Kralick）二〇一八年為《發現》（*Discover*）所撰的文章中，就點出這個情形：

> 性別分類的複雜性，近來逐漸為研究者和大眾所認識。性別其實是一個譜系的分布——

人們越來越願意正視，性別本身不是只有雌雄二元，還有跨性別等事實的存在，而且也更願意支持勇敢為自身權力奮鬥的人，不管是為了性別友善廁所或是反性別歧視的立法。但，在背後，其實都透露出一個基本迷思，那就是不管你的自我性別認同為何，每個人天生都還是有一個固定的性別。這其實顯示，大家對於生物性別本身有著基本的誤解。因為，其實科學已經一再證明，性別本身就不是二分法的，不管你要從生殖器、染色體、性荷爾蒙、或是骨頭判定，都不存在單純的二分法。

「性別本身就不是二分法」這件事，是依據科學研究得來的重要體悟，這樣的體悟並不是來自文化約定或是宗教信仰的綁定。但是，雖然「性別是一個譜系的分布」，當我們談到性別時，卻好像性別是先天就被決定好的，只有兩種，或者可以後天二擇一。如果要討論的話，應該是要站在性別屬於譜系的基本立場上才有得談吧。

如果，你所承接的世界是充滿理性與人道關懷，那期待未來的世界會對於性別認同抱持廣域譜系的看法，也就是合理的，到時候也就不會認為性別只是二元性強迫選擇的類別，就像圖靈的運算機器一樣。到時候各界領導人也需要更具彈性、流動性以及同理心，才能知道怎麼進行有建設性的互動。倉皇草率的判斷會有犯錯和冒犯的風險。在性別的領域，人類正逐漸揚棄靜態死板的分類，移往多變流動的方向，有各式各樣的選擇，且都是暫時懸而未決、可能始終不決的譜域。而且，性別只是這類多元性中的其中一例。

雖然多元化讓人面臨區分類別的困難，但在將來，多元化會變得更為重要。在年齡上以譜系去理解尤其重要，特別是那群被劃分在「退休人員」的類別，這群人越來越多是不願退休、或無法退休的人。奇普．康黎（Chip Conley）原是非常成功精品連鎖旅館的創辦人，一直經營自己的旅館事業到五十歲；五十出頭時，Airbnb 聘他擔任該公司的現代企業長老，成了一位「亦師亦徒」的導師兼實習生。

## ◆年長的譜系

奇普．康黎的著作《智在工作：現代長者養成術》（*Wisdom@Work: The Making of a Modern Elder*）讓人深受鼓舞，書中他以全光譜思考力看待年齡這件事，並分享了個人的故事。他指出，只有 8％的公司在員工年齡方面採取多元且包容的策略（康黎稱之為長壽策略）。他視此為創新和成長的機會：

如果說人的壽命比以前多出十年，這也讓員工要更久才能退休，消費者也會在中年以後為自己晚年消費。你會為年長的員工和消費者提供什麼樣的創新策略，好讓你和其他競爭者有所區隔？……最要緊的是：你公司的長壽策略不只是拿來安慰人的口號，而是真正對生意有幫助的策略。

二〇〇八年十一月間，康黎在墨西哥佩斯卡德洛（El Pescadero）市創辦「當代長者學院」（The Modern Elder Academy），該學院開設為期一週的課程，並讓參與者長住。這項課程告訴參與者，現代長者的貢獻不亞於數位原生代，「當代長者學院」對於年齡譜系的態度更為寬容，對於長者所能提供的價值也想得更廣。奈莉·鮑爾斯（Nellie Bowles）在《紐約時報》上報導此事：

他們受到激勵，覺得自己變強了，而且大家也更同仇敵愾了，甚至可以說是叛逆。康黎先生談到，重新使用長者一詞，就像同志社群把酷兒拿回來自己用一樣。

康黎先生說：「基本上，社會普遍的說法不脫中年就是危機，在危機之後只有老邁凋零。但是，人其實是到了六十歲和七十歲以後會變得更快樂，為什麼大家都沒有抱著這個心態去面對呢？」

二〇一九年超級盃美式足球開打前，我聽到當時四十一歲的新英格蘭愛國者隊（New England Patriots）四分衛湯姆．布雷迪（Tom Brady）接受訪問，談及自己如何在這個年紀還能繼續踢職業足球的原因。他說到，在職業生涯的這個階段，他已經見識過各種球場的狀況，因為經驗豐富，球賽在他眼中變得相對輕鬆。

如果想看得更清晰，那全光譜思考力將能提供助力，讓我們看清自己對於多元化的假設有哪些不足和極限。每個人其實都在學習要如何打好智慧這場球賽，我自己的經驗是，這場智慧的球賽的確會隨著經驗增加而變得更容易。湯姆布雷迪的目標是要持續在職業隊打到四十五歲；身為作家，我的目標則是要持續不斷寫作，只要我能夠樂在其中，又能夠寫出對大家有幫助的書。

對於多元化，年輕人的接受度似乎比老年人高上許多。對年輕世代而言，多元化有時像是品牌標章。最近，我聽到有人很自豪的這麼說：「我是混血＋酷兒＋性別非二元＋勞工階級＋家族第一個讀大學。」類別在未來並不會消失不見，但會變得更具流動性且跨越譜系。每個人都會成為我同事安東尼．維克斯（Anthony Weeks）口中的「複倍單一身分認同」（an identity of multiples）」，另一位同業蕾秋．赫奇（Rachel Hatch）則稱之為「三張名片的生活」，言下之意是工作會跨越多種譜系的選項，而不只是單一職業。

很多年輕一點的小朋友，並不想要被迫在酷兒和有色人種、女性和勞工階級、新住民和大學畢業生等選項之間硬選一邊。他們會說，所有的身分認同都一樣重要，一樣有用，硬選一種身分認同，可能會被視為受到某種權力結構的脅迫。他們會說：「我不想要做選擇！我想要自己的身分認同是複雜而且不特別偏倚的！我不想要被人歸類，尤其是硬加類別在我身上。」

跨越多元譜系的結盟，意味著你的盟友在某些議題上會同意你，但在其他議題上則可能會反對。在這個最好的朋友有時會變成意識型態上的敵人的世界中，要怎麼在複雜、變動的盟友關係之間明哲保身？

即使是在一個特定的族群，像是酷兒／LGBT族群中，拉丁裔、或是非裔美國人族群中，在各種議題上大家也都還是各持歧見。在這樣的脈絡下，要如何去理解族群，尤其是當族群本身可能就是不穩定的類別呢？

## ◆ 身心障礙者的譜域

二〇〇七年，我和未來學院裡出色的同事卡提·維恩（Kathi Vian）共同進行一項客制化的預測，我們要預測未來十年內對身心障礙者產生影響的外在力量。這項研究是由美國「聯合腦性痲痺」（United Cerebral Palsy）和一組私人基金會共同委託。我們的預測如今證實相當準確，這個預測的架構成為本章預測二〇三〇年時的基礎。

這個計畫中，我學到的第一課就是「以人優先」（people-first）的原則。要是我們遵循這個原則，就不會把人貼上「障礙」的標籤，我們會說「人有障礙」（a person with a disability）。這個原則主張應該先以「人」做為一個詞的開頭，而不是先以標籤開始。「以人優先」其實就是一種廣域思考，而不是從單一類別或是標籤來看人。行動和思考的類別，對有障礙的人而言效用不彰，所以讓他們跳脫框架和習慣來思考會比較容易，有助於找到對他們有用的方法。

舊金山的監督委員會（Board of Supervisors）就將「以人優先」的原則運用在刑事司法體系中。監督人麥特．漢尼（Matt Haney）說：「我們不想讓犯人出獄後，因為曾經鑄下生平大錯，就要永遠被貼標籤……我們希望他們將來還是能成為社會中有用的人，稱他們為罪犯就像是在他們臉上刻字一樣，讓他們從此被烙印。」

小眾的身分認同，其地位在未來會出現轉機。改革的浪潮會改變全球布局，重塑大家對於多元和包容的態度，其影響所及，可說是憂喜參半。

將來，大家都會想要儘量擴增自己的能力，不僅在經濟上，也會在身體上、心理上以及社交上。新科技會讓大家重新思考人類的身體和心智的極限何在，所以大家會將自己的身體當成創新和創造的實驗室。在這樣的未來，每個人都是一個有障礙的個體，要靠著外界的能力擴充，才能夠更為完整。

全光譜的包容要從自己做起，言下之意也包括，有創意的將人體結合運算和機器人創造出各式能力。未來，每個人都勢必變成與機器結合的生物機器人，這將會是喜多於憂。

## ◆多元化與創新密不可分

芝加哥大學與聖塔菲學院（Santa Fe Institute）的學者史考特．佩吉（Scott Page）在他的著作《多元〔紅利〕》（*The Diversity [Bonus]*）中主張，精心挑選組成的多元團隊，要更善於解決複雜的問題。他認為，精心挑選在想法和身分認同上多元的組合，將會帶來更佳的成效。佩吉的主張是根據他在業界切身的研究心得，他認為企業使用多元組合帶有先天上的優勢（還附加收益上的誘因）。他的資料也證明，多元化與創新有著直接的關連。他的結論我覺得極具說服力，因為他本人並不搞社會運動，不是弱勢團體的代言人，他是大數據分析專家，所以是看數據才做出結論。

佩吉之前的著作《與眾不同》（*The Difference*）中，他這樣為自己的研究下結論：「突破，幾乎不可避免的都來自機緣巧合，機緣巧合其實是來自於對於多元的萬全準備。必須是一個懂得注意到怪異現象，而且還知道怎麼去詮釋這種怪異現象的人，才能夠從機緣巧合中找到突破點。」全光譜包容，就是促成創新的基礎要件。

但是，這種多元所帶來的好處，以及多元所帶來的其他優勢，就像是水果一樣，必須要先播下多元的種子，並給予它養份，讓它茁壯，最後才能享受到豐碩的果實。「理工有色婦女守護平台」（#VanguardSTEM）網站，是美國一個提供理工領域有色人種女性工作者進行線上即時交流的平台，這些女性可以就「研究興趣、人生智慧、建議、祕訣、小撇步還有時事評論」等主題交流。「理工有色婦女守護平台」就是在散播有色婦女的多元種子，為有色婦女建立一個意見社群，讓他們在白種男性占多數的理工研究領域能夠互相學習和教導彼此。成立這個網站的指導原則是，要在安全的空間裡，促進理工領域後進和資深有色女性之間的對話，讓她們可以同時為自己的身分認同、和理工科的興趣感到自豪和自我肯定，其網站創辦人兼版主潔蒂妲．艾斯勒博士（Dr. Jedidah Isler）負責主持該平台，上這個網站的讀者會透過社群媒體，在這裡即時的分享自己的問題和意見。

多元所帶來的優勢，會在各式各樣的每日會議中展現出來。我的同事安東尼．威克斯的工作是教導大家如何聆聽，他為參與者錄音、畫圖，一邊聆聽小組對話。他的商業藝術繪畫非常美，藉此來為小組的對話做總結。他是聆聽的專家，想要學會多元的跨譜系特色，就應該學會這門藝術。他這麼形容聆聽的藝術：

聆聽很難，而且讓人了解自己的不足。藉此我們知道自己的短淺，也藉此更了解自己。這讓我們了解活在邊緣的意義，只有倚靠聆聽的能力和希望被聽到的聲音之間的橋樑，才能找到人性。要怎麼奉獻自己，卻不致讓自己被牽著走呢？這兩者是有差別的。一開始不需要同意，只要贊同自己的故事並不是唯一的故事。我們的故事有很多面向，只要肯加以聆聽。

安東．尼威克斯既是以插圖做紀錄的人，也是位紀錄片商，他以聆聽來創作故事。多樣性譜系的故事會越來越豐富，而且越來越強大。

其實未來的思考就像是未來的聆聽藝術。全光譜的未來會由很多種不同的聲音和聲響組成，有些熟悉，有些陌生。

## ◆我對譜系多元化的預測

我對未來十年譜系的多元化和包容性預測如下：

**獲得電腦擴充的廣域多樣性人們以及超級大腦，會成為社會和組織裡常見的現象。**我們會加以不斷擴張人類能力的極限。在拙作《未來領袖能力養成》一書中，我談及領袖在創造和支持正向能量方面的能力，在這本二〇一八年著作的最後，我預測未來成功的領導人會成為身體駭客，因為他們會主動改變自己的身體，以求增加表現能力和生活健康。被動式的身體保健，到時候會轉為主動的關照和超級能力的表現。

**輕度分散的基礎設施，會在不同社會間吸引更大量的組織多元化。**地球上供應生活所需的彈性系統，其成長會普及到讓譜系的包容性變得可行。第五章中我談過，未來世界會成為分散式管理網路，這個世界會讓非常強大的資源足以支援地方團體和個人。在未來世界中，小團體也有辦法做大事，不論是好事或壞事。

**群體經濟會讓個人、組織、社會都更願意採取包容的態度。**規模經濟和組織經濟屆時將會偏愛多樣性和熱烈反應。因為數位連結帶來的協調成本下降，讓新團體會成為機構和個人之間的經濟階層，就像美國的叫車工具 Uber 與 Lyft 成為個體車主和計程車司機之間的經濟環節一樣。這類新興的團體經濟，算是規模經濟，但同時也是組織經濟。團體的規模會維持在其可以組織的程度，而其組織團體的工具則會大幅進步。團體經濟屆時就有其動機和彈性，會讓他們想要提倡多元，並支持差異，這些在傳統社會則很難做得到。

新的工具、新的網路以及真正的數位原生代，將會拓展大家對於不同生活風格和生活方式的思維。科技發展的方向會從運算走向溝通，再走向感應我們的環境和身體。當環境變得能夠查知有誰在，並且會回應，感知理解就會成為新商機。這會催生數位擴充形式的助手問世，但不會是自動化。

**國族主義和全球主義會在多個社會之間交混。**全球多樣性和包容性的政治與經濟將持續成為衝突和爭端的源頭。擁有不同身分認同的人會被視為商機所在，靠著輕便的基礎設施來連結，他們會致力於發展自己獨特的身分認同。尤其是來自較不富裕地區的人，將會使用新的數位組織工具，來表彰自己全新的全球身分。

**可持續多元化的組織和社會將成為普遍現象且帶來商機。**屆時，重新規劃社群以支持健康生活成為當務之急。城市和地方社群會在全球永續性的難題上擔任領導眾人的角色。汙染、氣候惡化、人口暴增等問題會持續惡化。同時，不管大公司或小公司，都會想方設法靠著翻轉這些難題來獲利，讓他們不僅可以做公益，也可以賺錢。

我還在念神學院時，談到多元化，指的都是和公平和社會正義有關的事。無論現在和未來，多元化也和創新有關。現在社會正義的議題要比六〇年代來得迫切，但是，考特佩吉和其他人根據大數據分析，讓多元創新所帶來的益處得到文獻上的支持。

將來，所謂的才能，會用突破性的方式結合勇氣和仁慈、力量和謙遜、以及跟創新有關的知識。所謂的多元，今後將不再只限於社會公平正義。多元化和譜域式的包容會帶來創新，但這種關連性並非線性的，也不會按照比例或是一些明顯區分的類別來分配。

對個人而言，多元的選擇和認知會開創新契機。對組織和社會而言，則會連帶出現新責任，但多元所帶來的優勢是不容忽視的。

第十一章

# 有意義的廣域譜系

## 新希望的遊戲

家父過世後，家母告訴我：「我有信心。我不知道自己相信什麼，但我有信心。」家父和家母結褵一甲子，家父過世後，家母頓失重心，對一切都感到不確定。但是，她卻不失信心。

人類因為所知有限，所以需要仰賴信心，也因為有它，推動我們以恢闊浩瀚的全光譜思考力，去勇敢探索生命中的各種可能。信心和清晰度息息相關。信心點燃希望。

不過，信心不等同於確定性。信心不會提供答案；信心會提問，會提很多問題。信心允許些許模糊的可能。信心放眼未來。

信心出自想要學習的心態。信心讓人可以自行摸索，在不確定的狀態下走出一條路。信心支持人們在恐懼中走出自己的路。信心植基於謙遜和對學習開放的態度，儘管未來充滿不確定性。信心鼓勵人們要抱持全光譜心態。

信心處於深刻洞見和行動之間，從而激發策略。所以英文成語才會說「信心一躍」（意為：放手一搏）。要把新策略介紹給大家，就是這樣的放手一搏，縱身一躍，必須要有信心。信心和策略一樣，需要把方向看得清楚明瞭，但要表現出怎樣的信心，則要保持彈性。靠著信心，才能形塑出想像中的未來。

我相信，我們正朝有意義的多元譜系前進，這讓我們看得越來越清楚，也會越來越不那麼武斷。在未來，信心的重要性會比過去更高。信心會滋生希望。

## ◆信心：清明卻不武斷

混雜的未來終將獎勵清晰度，懲罰武斷自滿。在混雜的未來，武斷自滿太缺乏彈性，欠缺轉寰的餘地。全光譜思考力則會協助我們理解意義的多種型態，並且創造意義。類別化思考則讓我們身陷錯誤的武斷自滿。

信心帶來清晰度，但不會插手干預。信心有方向感，卻不把話說死。信心會讓人看清眼前和腳下，信心的優勢在於相信別人和自信。

很多人分不清楚信心和武斷。要讓人有信心，就要鼓勵他，稱讚他；但信心讓人謙卑，武斷則是傲慢。

武斷跟信心不同，是一種後見之明的頑固。就像神學家保羅．提利希（Paul Tillich）所言，信心的相反不是懷疑，而是武斷。我在神學院念書時讀到提利希這段話，他的著作讓我了解信心的價值、以及死板信仰的危險。

武斷是死板的類別劃分。武斷把真理冰凍起來。「真正的信徒」著迷於分門別類，他們渴望知道其他人是在框框裡還是框框外？是真信徒還是假信徒？如果是真信徒的話，就只有兩種選擇。最高的權力遊戲就是宣稱上帝和你站在同一邊，而不是另一邊。

對基督徒而言，先見之明——也就是預言——是靠著所謂的「衛斯理神學四支柱」（Wesleyan Quadrilateral）的指示所得。四支柱分別是：聖經、理智、經驗、傳統。信心幫助我們想像更美好的未來。

未來學院在二〇〇七年曾接受聖公會（Episcopal Church）的聖公會教區公會委託客製

化預測，這讓我了解到聖公會有所謂「巧問慧疑」（discerning questions）的概念。被問到巧問慧疑的人，就不能只回答是或不是。巧問慧疑是引導信眾獲得信心和清晰的方法。巧問慧疑讓被問的人不被武斷矇騙，從而培養出清晰思慮。前瞻之見往往能讓人靈光一現，提出巧問慧疑。

## ◆譜系式意義的創造

對於宗教的定義，筆者個人最喜歡的是「意義的創造」。傳統宗教現在已經被分權管理的意義創造所取代，我覺得這非常讓人興奮，也讓人得以不抱持任何偏見。比如說，現在哈佛神學院（Harvard Divinity School）有一項很特別的計畫正在進行，那就是要廣泛採擷非正式宗教的意義建構譜系，也就是宗教和世俗邊緣的思想體系。作曲家兼詩人雷納·柯罕Leonard Cohen）的歌曲《頌歌》（*Anthem*）這麼唱道：「到處都有個縫，光會透進來。」

凱斯柏·德·庫伊（Casper ter Kuile）、安吉·圖斯頓（Angie Thurston）以及蘇·菲利普斯（Sue Philips）是該計畫的核心成員，透過這項計畫，他們已經獲得相當滿意的研究成果：「人類表達虔誠宗教信仰的方式已經枯竭了，所以我們需要有載體可以接納靈性，讓人們知道如何共處團聚，這樣的載體要能讓人們在其中找到意義，而且要安全，人們才能敢於在其中實驗。」恐懼，尤其是將他人分類而造成的恐懼，是膚淺意義的載具。該小組就是在探索更廣域的意義創造譜系。他們想要了解創造意義的新模型，以及如何傳達意義，並且能夠將之轉變為具有意義的習慣，或是大規模的信仰儀式。

過去幾年針對新靈性運動的研究，讓他們得到的結論是：我們正站在歷史上非常多彩多姿的時刻，意義的創造成為成長最快速的產業。我們是否來到歷史的關鍵時刻了呢？他們認為正是如此，我也相信應該是如此。

一九九五年，我在未來學院率領一個名為「良善夥伴」（Good Company）的研究計畫：我們想知道工作的意義是什麼？當時我剛與小說家羅伯・史威格（Rob Swigart）共同完成一本新書《在縮編組織中擴編個人》（*Upsizing the Individual in the Downsized Organization*），這讓我們相信：

> 縮編之後，往往會變成更少的經理要管理更多的員工，他們的文化多元性更複雜，地理

上的距離也更遙遠，但對於公司的忠誠度卻減少（甚至沒有）。不論被裁員或未被裁員的員工，都在許多組織核心留下一道有意義的空洞。

在讓人失望的全美企業改造運動之後，一九九五年的氣氛，讓我對於創造意義有著強烈的興趣。我們的報告包含許多正在創造意義的案例，這些案例都很有希望。當我們在二〇一九年重新回顧這些案例時，多數的案例都已經結束。找尋意義的旅程持續不斷，但長久下來，創造意義能夠成功的案例其實不多。哈佛神學院團隊研究問題的核心是：

要如何重拾古老智慧，而不受到其限制？

哈佛團隊提交一份非常充實而漂亮的報告，非常平易近人，名為〈我們如何相聚〉（How We Gather），當中他們搜集非常廣泛多樣的靈性活動，都是非傳統宗教內的行為。他們發現，這些活動有著六個核心的意義創造主題，一再重複，儘管這些活動散布在非常廣泛的譜系之上：

● 族群：重視並培育以服務他人為中心的深度關係。現在鎖定運動和健康這個族群，特別受到歡迎。創造新的族群要比加入既有族群更有吸引力。未來，會有越來越多族群是虛擬的，但越是虛擬，大家就會越重視面對面的經驗。

● 個人改造：有意識且專注的投入於訓練自己的身體、心智和靈性。同樣的，運動和健康議題非常具有激勵的效果，大家都很願意為這類體驗付費。平價配戴式身體感應器的問世，幫助大家做出健康的選擇。

● 社會改造：創造立意良善的網路，追求正義和美好。當今社會所面臨的問題，尤其是貧富差距和全球性氣候變遷，提供了強烈的行動動機。全球性連結讓社會改造更能跨越地理限制。

● 尋找目的：釐清個人的人生目標，大聲說出目標並且追尋它。在此，「希望」是關鍵變數。

● 創造力：讓時間和空間來啟動想像力，並在遊戲中放進想像力。電玩式互動會隨著數位介面越來越強大而受到歡迎。

● 責任歸屬：為特定工作目標找到權責單位和負責人。追蹤和感應式系統將來會更容易在交易和溝通中找到相關負責人，有時候甚至不需要集中管理。

靈性生活的儀式和作法很明顯已經在變革了，但是改變的方向目前卻還看不太出來。新經驗不容易歸類，習慣是不假思考且慣性的，儀式則是反覆性但專注的。儀式是意義的簡化密碼，反覆這些密碼則會強化意義。比如說，我太太和我一天中會對彼此說好幾次：「我愛你。」昨天、前天都已經說了好幾次同樣的話，有什麼好每天反覆說個不停？

## ◆訊息不等於意義

專門研究宗教的社會學家羅伯．貝拉（Robert Bella），針對人類一再重覆意義的必要性做出解釋。他說，那是因為人類想要維持連結，生生不息。在人類慣於獲取更多訊息、卻更少實質意義的世界中，儀式習慣顯得更為重要：

意義受制於被簡化的密碼。我們剛剛才體會到，雖然「意義」一字常常被提到，但其實大家對意義的關注遠不如訊息。意義終究沒什麼新意，而是一再的老生常談，但，如果細想，其實，透過意義才能了解新意。意義本身是一再重覆的，而不是累積的……大家尋求的其實不是訊息，而是重申意義。

文中，貝拉講了一位他所指導的研究所學生的故事，這是一位在加州大城市佈道的牧師。這位牧師有次到臨終的婦女家中禱告，婦女已陷入瀕死的昏迷狀態多日，他和婦人的女兒聊天之後，邀女兒一同進婦人房中為她禱告，但女兒卻認為婦人已經昏迷太久，禱告無益，不願同去，可是拗不過牧師的一再堅持，只好照辦。牧師一開始先唸《主禱文》，但他都還沒唸到「在天上的父」時，昏迷的婦人竟然醒來，與他們一同禱告。之後幾天，婦人一直保持清醒，臨終前還和女兒多次對談，意味深長。

貝拉給大家的建議是：「我們應該追尋意義的重申，而非訊息。」像《主禱文》或是「我愛你」這種意義的密碼，是以主動的方式蘊藏了意義，讓我們切身的經驗得以在其中獲得延續。不管小孩或對老人，聽到這些反覆的意義密碼，在其中所感受到的核心故事都會相同，只是，隨著我們年紀漸長，隨著意義的一再反覆，故事會積累得越來越豐富，因此這些故事不但會長存，也會在重要性上更顯增長。

身處二〇二〇年的我們（貝拉那篇文章是在二〇〇一年寫下的），所面臨的挑戰則是，很多古代有意義的密碼對現代人來說已經不再具有相同的意義了，而且可能對大多數人而言都是如此。想當然爾，將故事和意義重新拆解再混合的作法因運而生。許多古代的故事，對現代人已經不再具有同等興趣和感染力。

在一個全光譜的世界中，具有意義且反覆性的習慣將存續那些饒富意義的故事，而且還占有相當關鍵的地位。新的數位工具和網路要怎麼讓這些古老的意義故事存續動人呢？虛擬線上教堂的可能性立刻浮出腦海，而且現在已經看得到徵兆了，但我對以電玩遊戲的方式來吸引人們，營造創造意義的空間更有興趣。雖然現在我還不知道會長成什麼樣子，但我已經看得到一些端倪。

哈佛大學的團隊研究的目的是：今人如何賦予古代的意義創造新意。他們把當今的徵兆，分成：（一）追求擁有，指的是減緩孤立並幫助人們建立連結；（二）追求自我改造，指的是意義創造的空洞，許多詢問人類基本存在問題的人，會問像是我是誰？為什麼我生而為人？這類問題都需要全光譜思考力，才能夠獲得意義。

即使是資訊爆炸的現在，大家還是不停在找尋意義，可能比過去還更迫切。儀式和習慣可以被簡化成有意義的密碼，但是故事必須還在信徒心中傳誦著，其意義才能被了解。在充斥不確定感的世界中，只要稍微對什麼事講得一副有把握的樣子，就很容易讓人感到安心。武斷因此能讓人獲取權力，卻也因此造成權力的濫用。

比如，在天主教會中的性侵陋習，很明顯就是信仰和權力的連結所造成的。上帝在很多信徒的心中是終極的權力所在，和上帝有著特別淵緣的人，不論他是自稱或是外界認定的，有時都會被賦予非比尋常的權力。這麼一來，就可能濫用權力。

我在神學院唸書時認識基督教心理學（pastoral psychology），這是一種心理學和神學的結合。一開始這種學說很吸引我，但隨後我看到一位心理學家自稱他能夠通神，所以擁有特權，從此醒悟。我知道，將心理學與宗教結合，的確能帶來某些益處，但潛藏的危險也不容忽略。心理學本身就已經夠咄咄逼人，宗教心理學我完全承受不起。後來我和教會就漸行漸遠，雖然我有神學院的學位，依理可以擔任神職，但我覺得自己應該增廣視野和胸襟，在我看來教會有太多局限。

人類與電腦的混合，可以為意義多增添一層涵意。人和電腦的結合體，能為意義創造帶來什麼樣的新體驗呢？

人生在世，都必須為自己的存在找到意義，但隨著年齡漸長，人生意義在哪裡卻變得很模糊。我在第十章中曾介紹過奇普．康黎這位旅館業的創新人物，他現在把注意力轉移到幫助企業界中的長者身上。他提過自己在五十歲以後怎麼處理白頭髮；五十歲之後，他開始留起像海明威當年那樣灰白的鬍子。有次他遇到一位老朋友，問她：「留這鬍子會不會顯得老氣？」她答：「不會，親愛的，讓你顯得更有智慧。」

因為歲月的加持，才讓我們拿到玩智慧遊戲的特許權，這遊戲還會隨著我們越年長而變得越像一回事。歲月所帶來的智慧，讓我們在面臨跨世代對話時，可以提供年輕世代所不具備的長處。數位原生代在數位環境中成長，而我們這些數位新住民（在二〇二〇年前超過二十五歲的都算）憑著年歲和經驗，擁有對事情輕重緩急不同的見解和態度。

## ◆對意義與健康的預測

賴瑞．史瑪爾對於自己的健康狀態，可能比地球上任何一個人都要來得清楚。近十年來，矽谷颳起一股「量化自我運動」（quantified self movement），這是使用身體感應器來監測走路步數和身體功能，並藉以調整保健方式的風潮，這股風潮近年開始襲捲全球，受到廣大歡迎，史瑪爾則算是這股風潮之下的極端案例。他希望達到的目標，是讓每個人都成為自己身體的執行總監。

賴瑞史瑪爾這種使用非常特別的運算資源來了解並管理自己身體的作法，算是極為罕見的。但十年後，就算是普通人都會使用類似的電腦資源來管理健康。電腦運算將會擴增人類的能力，這指的不只是自動化例行工作，人力資源功能也會特別加強注重健康和身體的服務。賴瑞史瑪爾是個徵兆，讓我們看到，未來全光譜的監控方式會被怎樣用來管理自己的身體，據以微調個人保健養生之道。

十年前，我幫「優門」（Humana）公司開了一個創新會議，讓他們可以在健康和身體管理領域找到未來契機。因為這個合作，未來學院和優門公司還有蓋洛普（Gallop）合作一份健康與身體管理元素的圖表，預測未來十年的發展。其實，在美國，所謂的「健保」往往都只是「病保」，我們並沒有將時間用在找出讓人健康和完適的方法。我相信意義創造，這也意味著在生活和身體各方面都能成功觸及意義。

● 身體

- 意識
- 人際
- 社會
- 財務
- 工作
- 性靈

拙作《未來領袖能力養成》一書中，依照這個健康完適的模型，我為最佳領導人在將來針對個人健康的發展做出十年的預測。每一種領導統馭和技術的搭配，都適合一組大型的意義創造譜系。我相信在未來十年，意義會慢慢跟身體、心理健康與安適產生關連。在意義的新譜系中，有四個健康元素特別重要：

**一、以科技監控身體的心態會和創造意義有關。**持續從外到內、運用科技感測健康，會幫助我們更知道怎麼保健養生。身體的健康對創造意義是最基本的。要是身體不健康，要找出意義就沒那麼容易。

我在神學院時，加州正流行「生物回饋」（biofeedback），愛趕流行的加州人將此做為醫療輔助工具，其實就是現在大家所說的養生。生物回饋真正困難的地方在於，要知道什麼樣的模式對自己最好。若是有人能夠幫自己監測身體模式會方便很多。

下一個十年，感應器的售價會非常低廉，尺寸也會變得很小，與人體的連接也非常緊密，因此在我們體內加裝的感應器比例會增加。保健不會只是由外而內，也會由內而外。在很多演講的場合中，來聽我演講的人半數都有穿戴身體感應器，以便監測身體指數，協助他們調整保健方式。往後十年，想穿戴身體感應器的人都可以擁有一副，而且半數人類都會有植入式的身體感應器。到時候，所有人都會成為生物機器人。

**二、對於自己腦部的了解，會讓創造意義的過程變得更容易了解。**未來十年，腦神經科學將能夠運用在日常生活中。隨著科學對大腦和心智更加了解，我們將會更加掌握意義產生的方式。人類的大腦習慣將舊框架套用在新事物上。下一代的儀器、網路、以及神經科學研究，會讓我們可以訓練自己的大腦，讓它學會新的全光譜思考力。

大腦的神經研究發現，人類大腦天生就喜歡故事。所以，如果大腦聽不到故事，就會自己編造故事。所以，新問世的全光譜思考工具在篩選故事來源、融合故事時，應該將大腦渴望故事這一點納入考量。故事就是要講給人聽，不過，這些故事也應融入受教於清晰過濾器的人的故事中。

**三、身為領導人，你不該只在自己專業的領域勝出，也應該在自己能力的極限力求精通。**傳統上，會期待領導人的專業核心領域應該是他們最拿手的項目。但十年後，更重要的則是在其專業領域的邊緣要夠擅長，每一項任務都會要求領導人融合多種技能和資源，遠超過傳統職能的需求。

從類別式思考轉向譜系式思考的時候，類別就會被連接在一起，思考是跨類別的。這時候領導人就需要擁有力量，保持謙遜，因為他們是員工清晰視界的來源。

**四、領導人要能在員工之中播下希望的種子，培育並壯大。**這點對年輕人尤其重要，因為他們要和不同世代共事。在二〇一〇年或之後邁入成年階段的這群人（我稱之為二〇一〇年門檻）是真正的數位原生代，這些人之中，越年輕的，其所感受到數位的威力越大。我對這些年輕人的未來很樂觀，但前提是他們要抱持希望，要是他們能懷抱希望，就能夠激勵大家；要是不能懷抱希望，世局會讓他們懷憂喪志、甚至會變成為危險人物。

信心可以讓人感覺到有力量，在分散式管理的未來世界中，信心的力量會逐漸分散。個人會有所感受，組織則會因之壯大，社會則會受到影響。在那個能夠分散的都分散的世界，很多人會渴望斷然肯定的言論，也總是不乏有人這麼武斷，而且這樣的人往往來自宗教界或是政界，這些人信口開河，滿口保證，期待權力的移轉、權力傾軋、以及強權威脅，這些行為都會集中在意義的建構上，而且他們都會用保證讓人獲得意義來當成誘因。

我們所有人都無法避免，因此掉入危機四伏的希望遊戲中。

結語

# 未來已逼近，現在更需要培養全光譜思考力

**全光譜思考力是穩健的想像和理解之道，**而且會讓未來更美好。未來終將讓類別化思維嚐到苦果，就算在短期間給人成功的假象，也不會長久。散漫無章的類別化思維現在雖然很普遍，在將來則會讓人覺得沒面子。

新工具、網路和下一個世代的領導人，會讓訓練有素的全光譜思考力更容易運用。最早具有全光譜思考力的一批人，會取得競爭上的優勢，之後所有人都會被要求全光譜思考力。

本書主要在談，對於想在將來成功的各位，全光譜思考力之所以重要的原因。筆者希望，憑藉我所提供的前瞻預測，能激勵各位掌握未來趨勢，進而付諸行動，至於你同不同意未來真的如筆者所言並不重要。以下，為了幫大家能夠從預測中看到趨勢，再從看到趨勢轉為實際行動，筆者要在結語中回顧全光譜思考力的核心定義：

**全光譜思考力是在繁雜可能性中**
**看到重覆模式和清晰的能力。**
**不管是在框架或是類型之外、之間、之後，**
**乃至無視於它，**
**同時還要抗拒武斷。**

在本書結語中，筆者要專注在「現在能做什麼」上。前面我已經討論很多全光譜思考力的優點，讀者要怎麼樣才能更深入了解、廣為宣傳，並且提升自己這方面的能力呢？本書中三個部分，各點出讓你行動的特別契機。

## ◆不能讓老舊思維繼續下去——那現在能做些什麼？

**就你找出組織內全光譜思維的徵兆，開發一個收納全光譜思維者的徵兆資料庫。要盡你所能的獎勵並且提昇對於徵兆的查知能力。**雖然目前還未分散得很平均，但請找出你身邊已經出現的未來徵兆。比如，你身邊應該至少已經出現幾位運用全光譜思考力的人，而且應該也已經出現一些工具，可以協助人們不再使用狹隘類別來思考。找出這些早期徵兆，獎勵找到的人，再依這些未來的徵兆建構未來。

筆者所稱的徵兆，指的是威廉．吉伯遜（William Gibson）的名言：「未來已經到了，只是目前還稀稀落落散布著。」其中那些「散落的稀稀落落的未來跡象」。徵兆可以視為證據，證明未來的預測，或是未來的想像真的有此可能，而且已經露出一線生跡。找出這些徵兆的方法，會鼓勵大家在當前的環境中尋找孕育未來的種子。

所謂的徵兆，是最近出現、尚未壯大、未大規模襲捲各地的創新，可能是一種新產品、新服務、新行為、新創、新政策、新資料點、新科技，而且有著能夠襲捲他地、造成衝擊，並因此帶來其他地區、人群、市場的新氣象。徵兆也可以是特殊的事件，或是今日的創新發展，以後可能會帶領我們朝向新的方向。掌握徵兆，就可以即時抓住新興現象，比傳統社會的科學方法還要迅速。

大規模趨勢或是科技領域，像是人工智慧、自動化、無人車、機器學習，這些都不能算是徵兆。全景式的未來預測也不能算是徵兆。

在未來學院，我們設計一種像表 12.1 的標準格式，是用來紀錄、分享徵兆。

一開始，先給你找到的徵兆下個標題。標題要簡潔有力，夠引人注目。接著，「內容」的地方要形容徵兆的特色，描述文字要短小精幹，但訊息要能讓外人都讀得懂這個徵兆的特質。「未來發展」則是徵兆和預測的連結，這個徵兆讓我們看到哪些可能即將在未來性出現？這個徵兆，讓你看到什麼樣的連結和模式？最後則是附一張照片或是一則影片，記得要載明你找到徵兆的出處，就算這個徵兆來自你和同事或家中小孩的聊天，也要載明。

以下是未來學院用來磨練尋找徵兆技

**標題：**＿＿＿＿＿＿＿＿＿＿＿＿＿＿＿＿＿＿＿＿

**內容：**

＿＿＿＿＿＿＿＿＿＿＿＿＿＿＿＿

＿＿＿＿＿＿＿＿＿＿＿＿＿＿＿＿

＿＿＿＿＿＿＿＿＿＿＿＿＿＿＿＿

照片或影片

**未來發展：**

＿＿＿＿＿＿＿＿＿＿＿＿＿＿＿＿

＿＿＿＿＿＿＿＿＿＿＿＿＿＿＿＿

＿＿＿＿＿＿＿＿＿＿＿＿＿＿＿＿

出處：＿＿＿＿＿＿＿＿＿＿＿＿＿＿



**表 12.1 未來學院描述徵兆的標準格式**

巧的訣竅：

- 好徵兆不以商業表現為準，很多好的徵兆不賣，但不賣的原因卻為未來指引出一條明路。
- 徵兆的目的在於找出未來新興動機、行為或是結構。
- 找出徵兆並建立徵兆資料庫的技巧需要時間和練習。
- 好的徵兆要很明確、即時、有迫切性、且很聳動。
- 好的徵兆有引領話題的潛力，也有改變現有世界觀、引發廣泛討論、挑戰傳統權威的潛力。

**在你所在地方，找出限制未來發展機會的狹隘型思考或是貼標籤的行為。**當然，有時候就連你待的組織和合作的同事，都會批評得太快，或是給人貼上窄化的標籤。點出你所在組織或行業使用類別化思維的不足之處，找出有哪些類別化思維，並盡可能加以糾正，或至少指出其不足之處。

要是你想破解類別化思維，思考慣性就至關重要。早期還有電信會議的年代，我曾和寶僑實業合作，在辛辛納堤試辦視訊會議，我們想將寶僑不同地點的兩間辦公室連接起來，一處在城北，一處在市中心，我們找上籌辦視訊會議的業者，詢問他們分別在兩邊會議室架設視訊會議的價錢，他們的報價驚人。所幸，一位寶僑的同事想出妙招：他去找寶僑合作的廣告公司，請他們搭設像是電信會議室的布景，請他們依此拍攝廣告，所花的費用不及那家公司報價的一小部分，但整體效果已經達到我們想試驗的目的。思考慣性影響深遠，要是你陷入類別化思維，那就需要有人給你當頭棒喝。

**對於學習全光譜思考力，要給予鼓勵和獎賞，不論程度高低。**全光譜思考力會讓人對未來更有萬全的準備，更能在新契機出現時看出端倪，在危機出現時及時反應。全光譜思考力讓我們可以營造更美好的未來，因為會讓我們提前落實訓練和行政發展計畫，不管是在公司、非營利組織、政府機關、以及軍隊的訓練都適用。

應該把目標放在改善大眾的想法。鼓勵大家使用新的數位清晰過濾器，以免除使用類別去思考。另一方面，和在地的小學、中學、進修機構、專科和大學合作，要知道，全光譜思考力已經出現了，但還需要大家的散播、支持才能夠被廣為採納。別忘了，電玩遊戲式的參與會成為史上最強大的學習媒介，電玩遊戲教學是練習全光譜思考力的好方式。

**在策略和創新過程中放進「現在、未來、下一步」的步驟。**從未來往後看的思維方式，會幫我們更容易看到整個譜系的可能。因為現在太多雜音，而過去的吸引力又太強烈，多數的組織和領導人，其思考模式都是「現在、下一步、未來」，而且在整個構想過程中，花在未來的時間相對少很多。有全光譜思考力的人，應該要採取「現在、未來、下一步」這樣的步驟。很多我合作過的組織，會用「現在、下一步、未來」這種模式做為策略的架構，其他組織則採用類似「展望一、展望二、展望三」。從未來往後看的思考模式很簡單，但是對於考慮事情先後順序的影響卻很深遠。

應該要把多數時間花在構思當前的事業上，也就是多數公司稱為「展望一」的這個步驟，因為這是事業重心所在，營利和追求目標也都在此。然而，如果從現在往十年後看會比較容易，所以應該要採用「現在、未來、下一步」的模式，而不只是從現在往下一步看，設想得太淺近。

常有人問我，怎麼能把十年後的預測做得這麼準，畢竟多數人都只能往前想一或兩年的事。我的答案是，因為預測十年後要比預測一年或兩年後更容易，從未來往後看的視界，要比從現在往未來的視界來得清晰，既然由未來往後看的思維模式更容易也更清楚，大家何不這樣做呢？

蘇格蘭的未來學家伊恩・莫里森（Ian Morrison）、曾任未來學院的院長，他在自己的著作《第二道曲線》（*The Second Curve*）中提出所謂的「雙曲線架構」理論。圖 12.2 中可以看到，這是一個非常簡潔有力的模型，企業可以評估其成熟的「第一曲線」漸進式（通常高獲利）創新，相對於推測性的「第二曲線」的大膽創新。雙曲線模式在一冒進、一穩健的策略間悠遊，是在這兩者之間找到平衡，避免錯誤的良方。兩道曲線，一道躁進，殃及現有優勢；另一道則是錯失改變

**圖 12.2　雙曲線架構**

時機，轉變太慢而淪落衰退的命運。後者應把握時機，在黃金交叉時，跳上第二道曲線，扳回頹勢。

若要進行雙曲線分析，首先要依照表 12.3 中「從」⬇「到」的這個陳述。這個陳述會幫你找出即將出現的改變，在將來又需要做什麼才能夠蒸蒸日上。

在第一道曲線上方，記下支持現行運作的假設、作法以及歷來策略。在第二道曲線下方，則記下當前的創新和誘因，內部和外部的改變徵兆。然後沿著上升的第二道曲線，一一寫下各種策略，以利你的組織在革新、

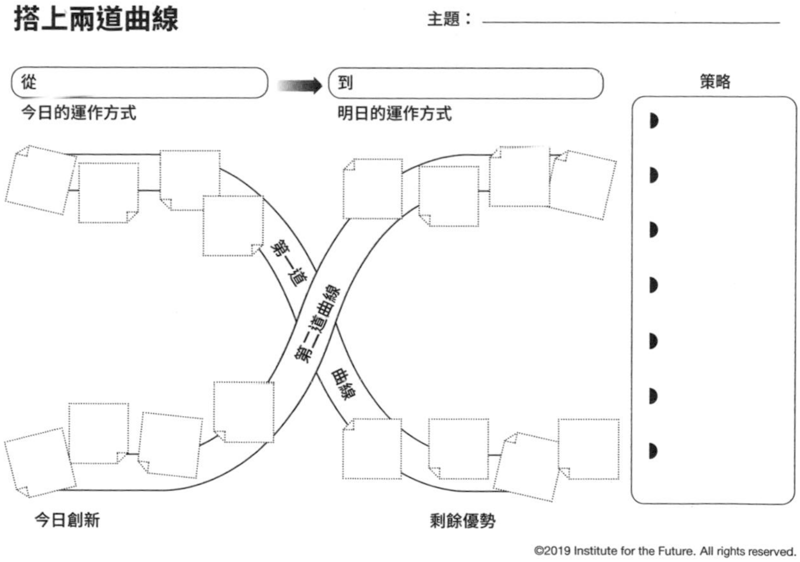


**表 12.3　未來學院所繪協助決策者因應各現況運用的雙曲線架構模型**

創造性的未來具有運作的能力。

第一道曲線下方寫下剩餘優勢。這裡指的是，價值已經有所減損，但可以改變用法重新加以利用的優點。

最後，進行腦力激盪，想出可以從第一曲線跳上第二曲線的成功策略。表 12.3 是你可以用來創造自己雙曲線分析的總覽表。

## ◆新的全光譜工具、網路與人——那現在能做些什麼？

**將不同的數位清晰過濾器，運用在不同目的上。**數位清晰過濾器將能夠提供效能日趨強大的濾鏡，讓我們得以過濾過載的訊息，不致因此喪失清明思維。現在因為有惡意的假訊息、刻意施放的假情報，而使訊息過載的情形變得雪上加霜，就算假設所有的訊息都是善意不是惡意，也不見得就能夠負荷得了那麼多訊息。

因此數位清晰過濾器最直接的運用，就會是在內容、市場或消費者訊息等資訊的過濾上。你需要哪些訊息來管理自己的企業？哪一類訊息最關鍵？這類訊息的正確性有多重要？

較間接的運用則是在像是廣告之類的功能上。傳統的廣告方式已死，但很多公司還是會不斷嘗試。真正的數位原生代會直接砍掉廣告，這群小朋友是選擇高手，而且他們還知道用很高段的方式來使用清晰過濾器，所以你不可能強迫推銷產品給他們，也千萬別喊他們是被動的「消費者」。廣告主要學會怎麼吸引他們的注意，提供他們好處，不能只是推銷商品。再下個十年，對於個人身分認同的認定會變得更廣而多樣，不再那麼狹隘，這情形會變得很明顯，企業行號都要了解這種心態，並且要在不侵犯別人隱私的情況下，吸引大家的注意。

可以想像，數位清晰過濾器如何被用在下一個世代的廣告上。廣告主不該強推商品，而應和使用產品的人對話，透過產品讓其價值符合消費者的需求。數位清晰過濾器要幫助廣告客戶找到最佳的消費者，還要幫助潛在消費者找到最佳產品提供者。在未來世界中，數位清晰過濾器會成為潤滑劑，協助產品在轉變為服務、訂閱、體驗、以及個人和組織改造的這個過程可以平滑順暢。

**使用區塊鏈和其他分散式運算來進行實驗。**每一個組織都應該訂定分散式運算策略，而為區塊鏈訂定策略就是第一個該下手的地方。未來世界中，每一筆透過供應網絡所進行的交易都會被追蹤，品牌間會不斷的合縱連橫又拆夥重組，以因應活躍的市場需求。

隨著加密貨幣流傳，新式代幣會讓金融市場重新洗牌，可能連社會也會被重新洗牌，尤其是在政治動盪的地區。智能合約（smart contracts）的導入會改變商業本質。群眾集資的基礎建設會因為區塊鏈而變得更可行，即使區塊鏈本身在大規模層面上尚未被證明可行，不過，區塊鏈是朝向分散式運算方向進行的一大步，即使最後區塊鏈失敗，也能夠帶給下一個十年新的啟示。

智能合約在將來會越來越常被運用在商業活動中，因此也會相對出現新的法律業務和因應政策，同時新法條、新的犯罪模式也都會應運而生。最後，因為有加密數位線上活動，大家都會漸漸採用智能線上化身，藉此保護自己真實世界中的身分。

我的同事珍．麥戈尼加和山姆．伍黎（Sam Woolley）和歐米迪亞網（Omidyar Network）合作，設計原名為「倫理運作系統」（Ethical Operating System）的軟體，這系統現在大家習慣叫做「倫理 OS.」（Ethical OS.），歐米迪亞是家慈善事業投資公司，他們合作開發的這個系統，主要是建構一個架構來幫助科技業者，能夠預期並且設想未來的風險或情境。倫理運作系統（白話一點說就是「如何打造出不後悔的產品」）是為產品經理、工程師這類人所設計的，它會特別點出即將出現的風險以及未來狀況，這樣科技工程師就能讓自己的研發更能抵禦未來的風險。在實驗數位清晰過濾器、區塊鏈或是其他新的媒體創新時，倫理運作系統會帶來實用的架構，找到你事業的優勢，避免可能的缺點。

倫理運作系統對於潛在衝擊的評估，採用的就是全光譜思考力，同時挑戰傳統、被動的想法，不認同科技設計就只要管好設計，但不在乎設計落入有心人之手會帶來負面影響這種消極的態度。倫理運作系統的架構依以下三個核心問題所設計：

1. 要是你現在所建造的科技有一天會被用在預期不到的地方，你希望怎麼預防？
2. 你現在該特別花心思去留意哪一種類型的風險？
3. 選擇哪一種設計、團隊或是企業模式，可以主動保護用戶、族群、社會、以及你的公司，免受未來風險的侵擾？

倫理運作系統會帶領設計者認識三個基本階段：想像未來的風險、找出可能出現社會傷害的領域、避免該科技在未來造成傷害。在想像未來風險的這個階段，倫理運作系統會設想十四種場景供設計者參考，從無人機運送、到依照累進數據自動送達監獄判決的預測性司法工具。這些場景進一步幫助設計者去思考，今日科技中一些看似無害、卻會在將來帶來衝擊的隱藏性問題，像是數據挖掘、隱私、演算法偏見等。

倫理運作系統找出一般人不容易看到的八個風險區，以及最可能浮現的不良後果：

- 真相、誤導訊息、宣傳手法
- 成癮和多巴胺經濟
- 經濟和資產不均
- 資訊倫理和演算法偏見
- 監控國度
- 數據控制和現金化
- 隱性信任與使用者理解
- 仇恨和罪犯主使者

設計者可以盡情構想他們的科技創新，並找出產品最可能出現破綻的風險區。一旦找到風險區，設計者就要想像未來世界，並想像自己的產品出現在這個世界中。之後才是最後一個階段，要讓自己的科技產品在未來不會出現問題。在這個最後階段中，倫理運作系統開發出六道策略，可以讓「最好的構想獲得實現成為可實際運作的守衛」，這些策略和想法，目的是要刺激行動，並讓科技設計者在其設計中增添基礎設施。

**招募真正數位原生代，並提拔他們擔任領導角色。**現在的年輕人想要爬得更快，但是組織架構卻不是設計來讓人在職責和報酬方面可以快速成長的（不一定是職銜的改變，也不盡然是指金錢上的報酬）。

數位原生代裡面有許多人透過電玩遊戲學會全光譜思考力，因此，一旦他們成為職場的領導人，比起較年長的同事來，他們更有競爭優勢，我們有時候還會因為自己不假思索的給人、給政策、給想法分類，而感到自慚形穢，這種事看在真正的數位原生代眼裡，卻是壓根就不會朝這方面去想。

美國軍隊中，在提升資淺士兵的責任方面做得非常好，但是大型軍事單位則依然陷在職涯道路升遷緩慢的泥淖中。跨世代間的緊張籠罩在這類大型單位之上，但危機也是轉機，還是有很大機會可以翻轉這樣的困境。

**為員工開設跨世代薪傳課程。**跨世代薪傳是可以在職場上打造影響最深遠、卻也最簡單的設計。未來學院中，幾乎每個研究團隊都是由跨世代所組成，過去十五年來，我也一直和年輕人密切合作。找合作夥伴時，我的選才標準很簡單：以一種有趣的方式和我不一樣。這些年輕人對我而言如同師傅一樣，我也如同他們的師傅一般，而且往往我從他們身上學到的還更多。

真正的數位原生代到二〇二〇年時，年齡都在二十四歲以下，但大家要了解，在跨世代交融的時候，不論年齡大小，大家都有可以傳授的東西。年紀較長的人，有歲月的加持和智慧，但我們也要了解，該怎麼在新媒體、新規則和新風險下，去玩這場智慧的遊戲。

## ◆廣域譜系給未來更多新運用——那現在能做些什麼？

**進行新業務開發計畫，以了解如何將產品變為服務、訂閱、體驗、以及個人或組織的改造。**這邊的概念很簡單：成立一個計畫小組，讓他們去研究目前的產品要怎麼被當成服務和體驗來販賣。不要只想著賣產品，要想得更遠，要超越商業化的產品，因為這類產品的競爭全看定價。要思考的是以下這些問題：

- 你的產品所能提供的消費者體驗價值何在（換言之，這個產品能為消費者做什麼）？
- 要是只有一小部分消費者體驗被視為重要，採用訂閱認捐制（想想第七章中吉他廠 Fender 的故事）會不會吸引更多消費者？
- 產品當前收集到哪些數據，未來它又能收集到哪些數據，能為消費者提供價值？
- 消費者除了你當前產品所提供的體驗以外，他們還想要獲得什麼樣的體驗？
- 你當前生意模式有沒有信賴問題，要如何將信賴轉化為更多的訂閱數或是服務？

筆者和卡爾．朗恩（Karl Ronn）合著的《回饋優勢》（*The Reciprocity Advantage*）第三部分中，我們提出一個基本模型兼清單，藉此可以透過多樣化的服務和體驗業務來探索企業在創新和成長的機會。

這個模型的核心，首先是要了解企業中有哪些部分可以放手去做，哪些又是沒有被充分開發的優勢。其次，則是你會和誰合作，來開創你無法獨立開創的新業務？第三則是，你會如何藉由大量小規模的實驗，來探索未來業務的可能商機？這種方式對很多大型企業難度很高，因為他們往往傾向於進行少量卻大規模的實驗來達到這個目的。最後，要等新業務獲得長時間永續性的獲利模型後，才開始正式拓展新業務。在該書中，卡爾．隆恩提出一系列清單，這些都是他在擔任寶僑實業帶領突發創新團隊時想出來的。

你要怎麼不陷入價格競爭，帶領企業走向以價值定價的目標？你要怎麼讓企業走向販賣最終成果和或是持續性體驗，而非只是販賣一次性的產品？你要怎麼讓企業不再只是追求熱銷產品，而朝向長時間發展深度消費者關係？

擬定新業務發展策略時，如果能先衡量目前立足點，且對發展方向明確，經過深思熟慮後繪出一條發展路徑藍圖，會對策略加分。行動路徑藍圖中會載明遇到挑戰和路障時該怎麼辦，這會強迫你針對短、中、長期的行動來思考未來。繪製出未來行動路徑藍圖，可以讓你的行動計畫視覺化，還便於公開分享出去，有助於讓未來成真。眼睛可以看到的行動藍圖，也可以清楚點出打造企業未來的過程中遇到問題時的應對策略和計畫初衷。在使用從未來往後看的策略時，如果再加上繪製行動路徑藍圖，會有助於了解如何達到自己想要的未來。

使用表 12.4 的表格時，一開始先把最右邊的欄位填滿你想打造的未來目標和元素。這裡面你可以填的包括策略、誘因、在特定期限前要完成的組織全面改組，以讓企業能對未來做足萬全準備。

## ◆學院使用的行動路徑藍圖表格

接著，和同事一起腦力激盪，想出能協助你、你的團隊、你的公司到達你所設想的未來的行動。這個步驟建議使用便條紙，在便條紙上寫下行動，並加以評估並分類。這個路徑藍圖繪製好後，日後就成為整套計畫的起點，接下去可以依此將這些行動劃入短、中、長期的區塊中。要是你所想出來的行動屬於簡單的步驟，那就把它們放在圖表中線上方；要是屬於難度高的行動，那就放在下方。

行動難易分配好後，再進一步記上必要的決定點、需要的創新或突破、必要的投資、或是有效完成該行動所需的新資源。

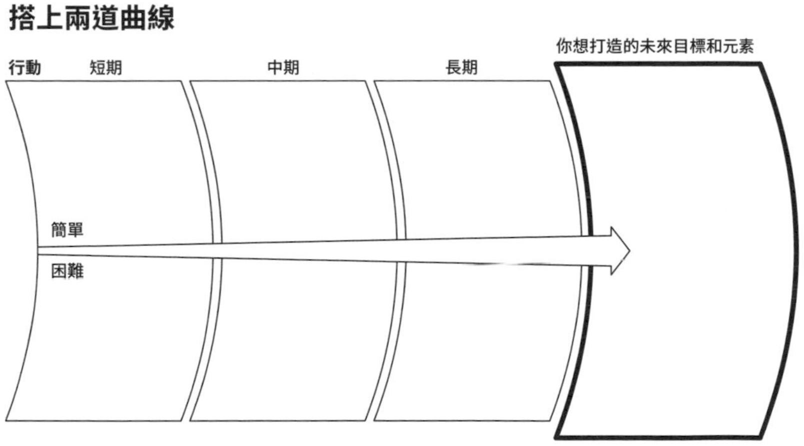




表 12.4 未來學院使用的行動路徑藍圖表格

如果中、長程行動不是那麼明確，或者需要更長時間才能夠清楚的話，那就要在未來確實掌握特定象徵或是成功的量度，讓自己知道目前走到藍圖的哪個階段。以下是我們在使用時的幾個基本原則：

- 雖然未來學院在做預測時多以十年為單位，這時間長度對你來說可能不一定合適。有時候，你自己的短、中、長期目標可能是「在下週會議之前」「下次全體開會之前」「明年這個時候」。
- 藍圖中的每個階段都要有一套基礎流程架構。先寫下每一個短流程的架構，有助於實現你的藍圖。
- 要不時檢視這張藍圖，確定自己沒有偏離策略目標，並在每個目標之下填入短期行動達成的項目。

**繪製並實驗動態性的組織圖。**虛擬的、混合的、還有擴增實境的工具，讓我們更容易將組織圖做成動態的方式。利用新的混合實境工具，大家可以化身為組織圖中的人物，在裡面上上下下。組織圖中誰和誰有關連？正式和非正式組織間的界線如何移動？階級劃分該怎麼依照變動的業務順位來建立和解散？組織圖不該是靜態、快照一般，而應該呈現員工連結關係，像動畫電影一般是動態式畫面。

麥可．阿林納（Michael Arena）的《適性空間：通用汽車和其他公司如何成功改革，轉變為靈活組織》（*Adaptive Space: How GM and Other Companies Are Positively Disrupting Themselves and Transforming into Agile Organizations*）一書是大型企業組織轉變為機動企業時的實用教戰手冊。所謂的「適性空間」，講的是通用汽車將自己成功改造為移動服務公司一事。

阿林納在書中介紹一個「4D模型」，我覺很完整而且很有用：發現連結（discovery connections）、發展互動（development interactions）、逸散連結（diffusion connections）、跳躍連結（disruptive connections）。4D模型以中間人（broker）、連結者（connector）、強化者（energizer）以及挑戰者（challenger）為中心來組織，全都在「適性空間」中運作。動態組織圖則可以將這四個層面都融入其中。

**舉辦一場「人資未來」的高峰會，藉此試探人力運算資源的發展性，也可以考慮將公司的人資部門改名為「人力運算資源」（人運資）。**要是你為公司創造的遠景非常的清晰且實現可能性高，那你就會被這個遠景拉著往前走。創造各種可以交替的場景，想像新部門或改造的部門在將來會以什麼型式存在，並跳脫當前人資的刻板印象。很多組織中，人力資源部門已經被貶值，雖然還是維持正常運作中，但有時候最好的人才都不願投入人力資源部門，這真的很可惜，於是我退一步思考這個部門的名稱，在現代企業裡，有什麼比「人力資源」來得更重要呢？未來，人力資源無可避免的要靠運算資源來擴充能力，所有人力資源部門的員工都必須對數位資源有所專精，因為數位資源將成為所有人類生活中非常深入的一環。

十年後，每個人的能力中某方面都會獲得電腦擴充，而很多這種擴充能力會變得非常強大。但難就難在，要找出人與電腦結合的最佳方式。所以，人類最擅長什麼，電腦又最擅長什麼，該由誰來決定？未來的人力資源部門在這裡頭扮演非常重要的角色。

人力資源會被人力—運算資源所取代，名稱是不是這樣不是重點。現在，運算資源與人力資源是分開的，但是在未來，人力和運算資源一定會混合、交錯、互相加強。全光譜思考力會結合人腦和電腦。

這個議題很適合公司最高層領導人開組織高峰會時討論，開會時別忘了也邀真正的數位原生代共同參與討論。如果可以，最好請他們組織會議紀錄。

**為員工創造並進行譜系多樣性訓練。**我在第十章提過，多元化與創新息息相關。社會平等的多元化議題至今依然在進行，但因為多元化所帶來的創新展望，已經刺激社會進行另一種型式的對話。我相信民眾和組織都應該共同持續施壓，促進所有型式的多元平等社會。

**舉辦「創造意義進行式」的高階會議。**對許多人而言，工作本來身就是創造意義的重要來源。對數位原生代而言更是如此，如果能讓他們知道自己為什麼被要這麼賣力工作，也知道自己是在追求什麼的話，他們通常特別在意從工作中創造意義。意義的創造不論在哪種文化、對哪個年齡而言，都是很大的動力，不過我相信，對年輕人來說更是如此。

所以將來對於生活和工作之間的平衡如何拿捏這件事，一定會出現很大的需求。比較理想的情形，當然會是彈性和選擇，但意義本身的找尋，最重要的還是要回頭問目的何在。

這個主題同樣也很適合在組織高層會議中討論，但別忘了也邀請真正的數位原生代。

## ◆最後一些想法

有時候，真理會敗在武斷手中，但話講得太滿，終究會造成更大的不確定性。未來，人們勢必要拋棄武斷自滿以及二元對立類別的安心效果，追求無框架思考。

全光譜思考力會在新契機來臨時，提供強大的透視定位能力，而不會硬將新經驗和舊類別、框架、標籤做類比。全光譜思考力將會使大家避免不假思索給別人貼標籤。全光譜思考力會獲得科技協助，成為讓我們消弭兩極對立和不經大腦思考的解藥。

未來會充滿難題，有些問題永遠也解決不了，有些則是會一再出現，儘管如此，大家還是要想辦法改善。就算在充滿困境的未來，我們還是面臨許多決定等我們去做。

全光譜思考力並不容易上手，我們需要用風險較低的方式來練習。電玩遊戲式的互動教學是最佳的練習法，年輕人要比我們在這方面更能適應。要是你太快分類或是錯誤分類，在將來便會造成問題。要是你花太多時間，卻無法看到較廣域的譜系，那你的決定就無法即時完成。全光譜思考力能夠在不夠成熟的決定和慢一步的決定之間活化創意區。

我想要播下並培育全光譜思考力的種子，讓更多人可以採用這種思考模式。我的目標是要鼓勵企業、政府官員以及個人都跳脫無腦的刻板印象、標籤、類別、框架、桎梏和枷鎖，全光譜思考力要比類別化思維更細膩。在新的混合工具加持下，廣域譜系的思考價值將會襲捲全球。

混雜的未來將會夾雜急切、恐慌、不平衡和希望，這些元素會以不對稱的方式拼貼。隨著當前的情勢越趨複雜，全光譜思考力的價值將變得更清楚，也更迫切，要練習並培育使用全光譜思維的技巧和能力。如果真的需要類別化，那也請謹慎行事。。

我曾對一群健保事業的總裁發表過這些想法，他們隸屬於法人創新中心（Center for Corporate Innovation, CCI），在場來自西奈山醫院的（Mount Sinai）傑瑞米・鮑爾（Jeremy Boal）醫師，針對全光譜思考力下了一番非常深刻的評語：「你是說，我們被要求看到世界的真相。」。

本書是在世界充滿悲觀時對未來的樂觀預測。全光譜思考力將會讓我們看到彼此的連結，也讓我們看到彼此的差異。未來的挑戰需要大家──不管是個人、組織還是社會──找到大家的共同點，用清晰的眼光，去追求正向的未來。

許多人都能說得斬釘截鐵，但很少有人真正具有清晰眼光。但你可以改變這個情形。

# 致謝

Berrett-Koehler 出版公司的 Steve Piersanti 比我所能想像的編輯做得還要好，他具有無私、建設性的批評風格，同時給我鼓勵和挑戰，本書所有的核心思想得益於 Steve 的優雅思維。Gabe Cervantes 擔任研究助理時和我一起審閱本書，他在每個階段都是我親密的同事，他的思路很寬廣，非常善於理解而且沒有參考框架，知道如何連接觀點；除了實際寫作外，Gabe 還從大創意到小細節為本書各個層面做出貢獻。Ashley Hemstreet 有效管理我的工作行程，使我有時間、有效率的寫書，我和她一起工作多年，每天都為她的協調能力感到驚訝。許多同事也審查本書草稿並討論核心內容、想法，包括：Eric Moore、Toshi Hoo、Jamais Cascio、JacquesVallée、Alex Voto、Jeremy Kirshbaum 和 Mark Schar。

未來學院的同事們對我來說如此寶貴。本書直接受益於 IFTF 正在進行的預測，但我對書上任何的理解錯誤負責。IFTF 的成員：Jake Dunagan、Max Elder、Julie Ericsson、Rod Falcon、SusanneForchheimer、Alyssa Andersen、Mark Frauenfelder、Ben Hamamoto、Dylan Hendricks、Georgia Gillan、Ben Gansky、Katie Joseff、Bradley

KreitSalley、Westergaard、Daria Lamb、Carol Neuschul、Ayca Guralp、MikeLiebhold、Jane McGonigal、Sean Ness、David Pescovitz、Barry Pousman、Sara Skvirsky、Sarah Smith、Ilana Lipsett、Cindy Baskin、Quinault Childs、Lindy Willis、Anmol Chaddha、Lawrence Choi、Namsah Kargbo、MaureenKirchner、Neela Lazkani、Rachel Maguire、Vanessa Mason、Nick Monaco、Amber Case、Nic Weidinger和Kathi Vian。

未來學院（IFTF）的董事會為ＩＦＴＦ的發展不斷努力：Steve Milovich、Michael Kleeman、Karen Edwards、Jean Hagan、Katie Fuller、Lyn Jeffery、Marianne Jackson、Marina Gorbis、Lawrence Wilkinson、David Thigpen和Berit Ashla。

特別感謝Berrett-Koehler的團隊、BookMatters的Dave Peattie和出色的審稿人Lou Doucette。外部的審稿人對我很有幫助，我非常感激，包括：Erik Krogh、Kristian Simsarian、Paul Steward、ScottShannon、Masharika Prejean Maddison、Helge Jacobson、Michael Zea和Roger Peterson。

感謝神聖設計（Sacred Design Lab）的Casper ter Kuile、Angie Thurston和Sue Phillips，可在第十一章參考他們的工作內容。我們的合作始於哈佛大學神學院的實驗室，啟發我對全光譜思考力更廣泛和創造性的新想法。我從陸軍戰爭學院學到很多經驗，目前我也在此擔任客座講座講師，謝謝 David M. Rodriguez 將軍（已退役）和戰略教練 James Campbell 中將（已退役）。Edmund L. "Cliffy" Zukowski 是提供我這些經驗的指導者。在會議中，我與甫上任的三星將軍一起工作，離開之後對他們印象深刻，感謝他們為使所有人擁有更美好的未來而努力。

AG Lafley 在第一章中回顧 Peter Drucker 的故事，並對我提出非常有幫助的建議。Ken Hodder 在第十一章探討創造意義，對我有很大的幫助。Tessa Finlev 在 IFTF 對於未來譜域的多樣性進行非常感人和深刻的研究，我受益匪淺。Vicki Lostetter 為我檢查第九章，她給予人力資源職能的未來很多建議。Anthony Weeks 與我密切合作，在本書第十章幫助我理解多元和包容，特別是他幫助我了解對自己和他人分類的利弊。

我的第一份研究助理工作是在 Jesse H. Brown 教授門下，必須和他一起坐在辦公室的一張小桌子旁，我仍然記得落地式書架以及跟他一起談論過去和未來的興奮。我堅信咖啡店所帶來的能量，因此感謝聖馬特奧的 Kaffeehaus 和波特蘭的 Caffe Destino，本書大部分內容是在他們美妙的卡布奇諾影響下所編寫的。

# 參考資料

## 前言


1. John Fowles and Frank Horvat's The Tree (Toronto:Collins, 1979)


## 第二章


1. 來自科羅拉多州柯林斯堡整體中心（Wholeness Center）的精神病醫生史考特．夏南對本章的草稿提出非常有用的反應和建議。
2. BlacKkKlansman. Directed by Spike Lee, Focus Features, 2018. Film.
3. Thomas S. Kuhn, The Structure of Scientific Revolutions (Chicago: The University of Chicago Press, 1962, 1970), page 111.
4. "Exploring the Forest Primeval and the Green Man in Our Psyche," The Washington Post, March 22, 2019 Issue. Web.
5. John Fowles and Frank Horvat, The Tree
6. The Tree, Mimosas in January, Cote d'Azur, France.
7. James Prosek, Orion Magazine, "The Failure of Names," April 2008.
8. From personal e-mail correspondence with James Prosek: March 19, 2019.
9. Charles King, Gods of the Upper Air: How a Circle of Renegade Anthropologists Reinvented Race, Sex, and Gender in the Twentieth Century (New York: Doubleday, 2019), pages 4–5.

Business, April 15, 1996).

3. Soren Kierkegaard, Soren Kierkegaards Skrifter: Journalen JJ:167 (Copenhagen, 1843).

4. Bob Johansen, Get There Early: Sensing the Future to Compete in the Present (San Francisco: Berrett-Koehler, 2007).

5. Eric Alterman, "The Decline of Historical Thinking," The New Yorker, February 4, 2019.

6. "The Three Horizons of Growth," McKinsey Quarterly, December 2009.

7. Bob Johansen, The New Leadership Literacies: Thriving in a Future of Extreme Disruption and Distributed Everything (Oakland: Berrett-Koehler, 2017).

8. Mark Johnson and Josh Suskewicz, Lead from the Future: How to Turn Visionary Thinking into Breakthrough Growth (Cambridge, MA: Harvard Business School Press, 2020).

9. Mark Weick, Lead Director, Sustainability and Enterprise Risk Management, The Dow Chemical Company, Midland, MI, quoted from e-mail correspondence to Bob Johansen, April 2, 2019.

10. Steven Johnson, Farsighted: How We Make the Decisions That Matter the Most (New York: Riverhead Books, 2018), page 25.

11. Willie Pietersen, Strategic Learning: How to Be Smarter Than Your Competition and Turn Key Insights into Competitive Advantage (Hoboken, NJ: Wiley, 2010).

12. Thomas L. Friedman, "The Answers to Our Problems Aren't as Simple as Left or Right," The New York Times, July 7, 2019.

13. Thomas Piketty, Capital in the Twenty-first Century (Cambridge, MA: Harvard University Press, 2014).

14. Sean McFate, The New Rules of War: Victory in the Age of Durable Disorder (New York: William Morrow,

10. https://www.aane.org/asperger-fact-sheet/
11. https://www.cio.com/article/3013221/careers-staff ing/how-sap-is-hiring -autistic-adults-for-tech-jobs.html
12. UCLA Program for the Education and Enrichment of Relational Skills(PEERS) Clinic, www.semel.ucla.edu
13. https://www.xavier.edu/disability-services/x-path-program/
14. "According to Cleveland.com, future freshman Kalin Bennett is the first player with autism to receive a Division I basketball scholarship." From "NCAA's First Player with Autism Joins Kent State," by Sarah Jasmine Montgomery in Writing, But Mostly Reading@withalittlejazz. https://www.complex.com/sports/2018/11/ncaa-first-player-with-autism-joins-kent-state
15. Scott M. Shannon, MD, Please Don't Label My Child, New York: Rodale, 2007.
16. Amy Chua, Political Tribes: Group Instinct and the Fate of Nations, New York:Penguin Press, 2018, page 8–9.
17. David Frum's review of this book in the New York Times Book Review, March 4, 2018.
18. "The Hidden Tribes of America" is the report of a survey by The More in Common group. October 2018. https://hiddentribes.us/
19. D. O. Hebb, The Organization of Behavior (New York: Wiley & Sons, 1949).
20. From Stan & Jan Berenstain, The Berenstain Bears and the Bad Habit (A First Time Book) (New York: Random House, 1986).

## 第三章

1. VUCA 是在卡萊爾的陸軍戰爭學院創造的，我在這裡舉辦客座講座。
2. Peter Schwartz, The Art of the Long View: Planning for the Future in an Uncertain World (New York: Crown

2019), pages 8–9.
15. Thomas W. Malone, Superminds: The Surprising Power of People and Computers Thinking Together (New York: Little, Brown and Company, 2018).
16. Kathleen Belew, Bring the War Home: The White Power Movement and Paramilitary America (Cambridge, MA: Harvard University Press, 2018), page 16.
17. Tweet by William Gibson from account @GreatDismal, August 17, 2018.
18. Interview with Amanda Little conducted by Sean Illing, "The Climate Crisis and the End of the Golden Era of Food Choice," in The Highlight by Vox, June 24, 2019.

## 第四章

1. Patrick Parr, The Seminarian: Martin Luther King Jr. Comes of Age (Chicago: Lawrence Hill
2. Books, 2018).
3. Tavis Smiley, with David Ritz, Death of a King: The Real Story of Dr. Martin Luther King Jr.'s Final Year (New York: Little, Brown, and Company, 2014).
4. Ira Flatow at Science Friday Initiative, WNYC Studios, https://www .sciencefriday.com/about/. "All of our work is independently produced by the Science Friday Initiative, a non-profit organization dedicated to increasing the public's access to science and scientific information. WNYC Studios distributes our radio show, which you can catch on public radio stations across the U.S."
5. Superminds: The Surprising Power of People and Computers Thinking Together by Thomas W. Malone
6. Machine, Platform, Crowd: Harnessing Our Digital Future by Andrew McAfee and Erik Brynjolfsson.

7. Kai-Fu Lee, AI Superpowers: China, Silicon Valley, and the New World Order (Boston: Houghton Miffln Harcourt, 2018), page x.
8. Robert Johansen, Groupware: Computer Support for Business Teams (New York:The Free Press, 1988).
9. Bob Johansen, Leaders Make the Future, pages 56–74.
10. Robert Burton, On Being Certain: Believing You Are Right, Even If You're Not (New York: St. Martin's, 2008).
11. From a CNN story by Nic Robertson, February 18, 2019, from the 2019 Munich Security Conference (MSC 2019) for European leaders, diplomats, security professionals, and business leaders, called NATO at 70: An Alliance in Crisis, at Munich's Bayerischer Hof Hotel, February 18, 2019.
12. Zach Anderson, senior vice president of Global Analytics and Insights at Electronic Arts.
13. https://www.vox.com/latest-news/2019/3/22/18275913/statistical-significance-p-values-explained?fbclid=IwAR3JNtqa8e9jhO2m9U49wVrbFnXh07222O5zhtsuQPbr8iP0MNyk4fHvqHw
14. https://www.coursera.org/instructor/janemcg

## 第五章

1. The Advanced Research Projects Agencies, now called DARPA for Defense Advanced Research Projects Agency of the Department of Defense.
2. National Science Foundation.
3. https://www.rand.org/pubs/research_memoranda/RM3420.html
4. Madeleine Albright, Fascism: A Warning (New York: Harper, 2018).
5. Robert O. Work quoted in a CNN story from the NATO Munich Security Conference 2019, by Nic Robertson,

February 18, 2019.
6. From “Fogged In,” Michelle Dean, New York Times Magazine, February 4, 2018. Michelle Dean is the author of Sharp: The Women Who Made an Art of Having an Opinion (New York: Grove Press), published on April 2018.
7. Blockchain Futures: Map of the Decade 2017–2027, Institute for the Future Blockchain Futures Lab, SR-1911, 2017.
8. Vitalik Buterin, founder of the Ethereum blockchain.
9. Doug Merritt, president and CEO, Splunk, at a Center for Corporate Innovation meeting of Silicon Valley CEOs on August 28, 2018.
10. AlphaGo. Directed by Greg Kohs, Moxie Pictures, September 29, 2017. Film.
11. CSAIL is MIT's Computer Science and Artificial Intelligence Laboratory.
12. Vannevar Bush, “As We May Think,” in The Atlantic Monthly, 1945.

## 第六章

1. Ender's Game. Directed by Gavin Hood, Summit Entertainment, 2013. Film.
2. Anthony R. Palumbi, “Hey Parents, Stop Worrying and Learn to Love ‘Fortnite,’” The Washington Post, July 31, 2019.
3. https://lindastone.net/2009/11/30/beyond-simple-multi-tasking-continuous-partial-attention/
4. From the cover jacket of Dave Cullen, Parkland (New York: HarperCollins, 2019).
5. “Relationship of Childhood Abuse and Household Dysfunction to Many of the Leading Causes of

6. Death in Adults," published in the American Journal of Preventive Medicine in 1998, Vol. 14, pages 245–258.
7. Institute for the Future, "Global Youth Skills: Work and Learn Paths for Future-Ready Learners," supported by the MiSK Foundation. IFTF research report SR-2076. http://www.iftf.org/fileadmin/user_upload/downloads/work-learn/GlobalYouthSkills_Final_Report_021419_sm.pdf

## 第三部

1. The Matrix. Directed by Lana and Lilly Wachowski, Warner Bros, 1999. Film.

## 第七章

1. B. Joseph Pine II and James H. Gilmore, The Experience Economy: Work Is Theater and Every Business a Stage (Cambridge, MA: Harvard Business School Press, 1999). The second edition is called The Experience Economy, updated ed. (Cambridge, MA: Harvard Business Review Press, 2011).
2. From a personal interview with John Padgett, March 13, 2019.
3. Sapna Maheshwari, "Let's Subscribe to That Sofa," New York Times, June 9, 2019, page 1.
4. Robert B. Tucker, "How Peloton Uses Consumer Insights to Drive Innovation," Forbes, February 28, 2019.
5. Bob Johansen and Karl Ronn, The Reciprocity Advantage: A New Model for Innovation and Growth (Oakland: Berrett-Koehler, 2015).
6. This forecast builds on the work done by Institute for the Future's Blockchain Futures Lab and the map of the decade 2017–2027 called "Blockchain Futures: Reshaping the World at the Intersection of Money, Technology, and Human Identity," Institute for the Future, Report SR-1911D, 2017.

## 第八章

1. Joint Force Quarterly in 2017, by Andrew Hill and Heath Niemi, US Army War College.
2. Jason Koebler in "Society Is Too Complicated to Have a President, Complex Mathematics Suggest," Vice, November 7, 2016. https://motherboard.vice.com/en_us/article/wnxbm5/society-is-too-complicated-to-have-a-president-complex-mathematics -suggest. For a more complete description on this theory, see Yaneer Bar-Yam, New England Complex Systems Institute, Dynamics of Complex Systems (Studies in Nonlinearity) (Boca Raton, FL: CRC Press, 1999).
3. Army Futures Command (AFC) Directorate of Intelligence (DOI), "Transforming Intelligence to Support 21st Century Army Modernization," White Paper, December 15, 2018, page 10.
4. Nelson Mandela in his autobiography entitled Long Walk to Freedom (New York: Back Bay Books, October 1, 1995).
5. The concept of servant leadership was first coined by Robert K. Greenleaf in his essay, "The Servant as Leader," first published in 1970.
6. TEDSalon Berlin 2014, in a talk where Jeremy Heimans introduces the topic of New Power. Reported and posted on the TED website in June, 2014.

## 第九章

1. https://medium.com/@GarryKasparov/may-11-one-big-loss-for-a-man-one-giant-win-for-mankind-46bb42b8752f
2. Thomas W. Malone, Superminds: The Surprising Power of People and Computers Thinking Together (New York:

Little, Brown and Company, 2018), page 3.
3. Jerry Useem, "At Work, Expertise Is Falling Out of Favor," The Atlantic, July 2019, page 12.
4. Orson Scott Card, from the Introduction to the book Ender's Game (Tor, 1994).
5. Thomas W. Malone, Superminds,
6. See Bob Johansen, The New Leadership Literacies, chapters 7–8.
7. See Amber Case, Calm Technology: Principles and Patterns for Non-Intrusive Design (Sebastopol, CA: O'Reilly Media, 2016).
8. Vicki Lostetter, personal correspondence, April 25, 2019.

## 第十章

1. Hannah Gadsby, Nanette, Netflix special one-person show recorded at Sydney Opera House.
2. From the movie about Alan Turing's life called The Imitation Game, directed by Morten Tyldum, Black Bear Pictures, November 28, 2014.
3. Alexandra Kralick, "Skeletal Studies Show Sex, Like Gender, Exists Along a Spectrum," Discover, November 16, 2018.
4. Chip Conley, Wisdom@Work: The Making of a Modern Elder (New York: Penguin Random House, 2018), pages 209–210.
5. Nellie Bowles, "A New Luxury Retreat Caters to Elderly Workers in Tech (Ages 30 and Up)," The New York Times, March 4, 2019, Technology Section.
6. Institute for the Future, The Future Is a Life Seen Through the Lens of Possibility, sponsored by United Cerebral

Palsy and BIG SKY Corporate Foundation including The Shapiro Family Foundation, The Brotman Foundation, WellPoint Foundation, Anthem Blue Cross Blue Shield Foundation, Ripplewood Holdings, and Alegent Health, Report SR-1040, 2007.

7. Phil Matier, "SF Board of Supervisors Sanitizes Language of Criminal Justice System," San Francisco Chronicle, August 11, 2019.

8. Scott Page, The Difference (Princeton, NJ: Princeton University Press, 2007).

9. https://www.vanguardstem.com.

10. From e-mail exchanges with Anthony Weeks, February 6, 2019.

11. This forecast builds on the forecast done in 2007 by Institute for the Future called The Future Is a Life Seen Through the Lens of Possibility.

12. Bob Johansen, The New Leadership Literacies, chapters 9–10, pages 117–131.

## 第十一章

1. See Eric Hoffer's book The True Believer: Thoughts on the Nature of Mass Movements (New York: Harper & Brothers, originally published in 1951).

2. From a telephone conversation with Casper ter Kuile, November 30, 2018.

3. Michael Pollan's popular book called How to Change Your Mind: What the New Science of Psychedelics Teaches Us about Consciousness, Dying, Addiction, Depression, and Transcendence (New York: Penguin Press, 2018).

4. Robert Johansen and Rob Swigart, Upsizing the Individual in the Downsized Organization (Boston: Addison-Wesley, 1994).

5. Institute for the Future, "Good Company: What's the Meaning of Work?" SR-589, November, 1995, page 3.
6. Robert N. Bellah, "Habit and History," in Ethical Perspectives 8 (2001)3, page 161.
7. Mark Bowden, "The Man Who Saw Inside Himself," The Atlantic, March 2018. https://www.theatlantic.com/magazine/archive/2018/03/larry-smarr-the-man-who-saw-inside-himself/550883/
8. From Bob Johansen, The New Leadership Literacies, chapters 9–10.
9. See the work of Kendall Haven for more detail.

## 結語

1. IFTF website: www.iftf.org
2. Ian Morrision, The Second Curve (New York: Ballantine, 1996).
3. See the IFTF website: www.iftf.org
4. Updated and adapted from Institute for the Future, Blockchain Futures Map of the Decade 2017–2027.
5. Institute for the Future, "Ethical OS Toolkit: A Guide to Anticipating the Future Impact of Today's Technology, Or: How Not to Regret the Things You Will Build." Creative Commons Attribution-NonCommercial-ShareAlike 4.0 International (CC BY-NC-SA 4.0) license, www.ethicalos.org
6. Bob Johansen and Karl Ronn, The Reciprocity Advantage, part 3.
7. Michael J. Arena, Adaptive Space (New York: McGraw-Hill, 2018).

# 全光譜思考力

## 善用網路新工具，擁抱數位原生代<br>廣角經營，致勝未來

# Full-Spectrum Thinking:

## How to Escape Boxes in a Post-Categorical Future


作　　者　鮑伯 · 約翰森（Bob Johansen）
譯　　者　顏涵銳
總監暨總編輯　林馨琴
文字編輯　楊伊琳
行銷企畫　陳盈潔
封面設計　ayen
內頁設計　賴維明

—

發 行 人　王榮文
出版發行　遠流出版事業股份有限公司
地　　址　臺北市南昌路 2 段 81 號 6 樓
客服電話　02-2392-6899
傳　　真　02-2392-6658
郵　　撥　0189456-1
著作權顧問　蕭雄淋 律師

—

2021 年 01 月 01 日　初版一刷
新台幣 380 元（如有缺頁或破損，請寄回更換）



—

ISBN　978-957-32-8928-9

—

遠流博識網　http://www.ylib.com/
E-mail　ylib@ylib.com

全光譜思考力：善用網路新工具，擁抱數位原生代。廣角經營，致勝未來 / 鮑伯 . 約翰森 (Bob Johansen) 著；顏涵銳譯 . -- 初版 . -- 臺北市：遠流出版事業股份有限公司 , 2021.01
　面；　公分
譯　自：Full-spectrum thinking : how to escape boxes in a post-categorical future
ISBN 978-957-32-8928-9( 平裝 )

1. 組織管理 2. 思考

494.2　　　　109020077

國家圖書館出版品預行編目（CIP）資料